农村小型水利工程典型设计图集

泵 站 工 程

湖南省水利厅 组织编写

湖南省水利水电科学研究院 编写

中国水利水电出版社

www.waterpub.com.cn

·北京·

内 容 提 要

本分册为《农村小型水利工程典型设计图集》的泵站工程部分。着重阐述了湖南省农村小型水利工程中主要泵站工程的设计基本理论、结构设计、主要施工工艺与水泵机组选型等基本知识。通过泵房结构设计、施工及水泵机组选型等方面介绍了泵站工程的典型设计方案。

本分册可作为从事农村小型水利工程设计、管理工作的相关单位及个人的参考用书。

图书在版编目（CIP）数据

泵站工程 / 湖南省水利水电科学研究院编写. -- 北京：中国水利水电出版社，2021.10
（农村小型水利工程典型设计图集）
ISBN 978-7-5170-9915-4

Ⅰ．①泵… Ⅱ．①湖… Ⅲ．①泵站－水利工程 Ⅳ.①TV675

中国版本图书馆CIP数据核字(2021)第182202号

书　　名	农村小型水利工程典型设计图集 **泵站工程** BENGZHAN GONGCHENG
作　　者	湖南省水利水电科学研究院　编写
出版发行	中国水利水电出版社 （北京市海淀区玉渊潭南路1号D座　100038） 网址：www.waterpub.com.cn E-mail：sales@mwr.gov.cn 电话：（010）68545888（营销中心）
经　　售	北京科水图书销售有限公司 电话：（010）68545874、63202643 全国各地新华书店和相关出版物销售网点
排　　版	中国水利水电出版社微机排版中心
印　　刷	清淞永业（天津）印刷有限公司
规　　格	297mm×210mm　横16开　7.25印张　219千字
版　　次	2021年10月第1版　2021年10月第1次印刷
印　　数	0001—5000册
定　　价	**45.00元**

　　为规范湖南省农村小型水利工程建设，提高工程设计、施工质量，推进农村小型水利工程建设规范化、标准化、生态化，充分发挥工程综合效益，湖南省水利厅组织编制了《农村小型水利工程典型设计图集》（以下简称《图集》）。

　　《图集》共包含 4 个分册：

　　——第 1 分册：山塘、河坝、雨水集蓄工程；

　　——第 2 分册：**泵站工程**；

　　——第 3 分册：节水灌溉工程（渠系及渠系建筑物工程、高效节水灌溉工程）；

　　——第 4 分册：农村河道工程。

　　《图集》由湖南省水利厅委托湖南省水利水电科学研究院编制。

　　《图集》主要供从事农村小型水利工程设计、施工和管理的工作人员使用。

　　《图集》仅供参考，具体设计、施工必须满足现行规程规范要求，设计、施工单位应结合工程实际参考使用《图集》，其使用《图集》不得免除设计责任。各地在使用过程中如有意见和建议，请及时向湖南省水利厅农村水利水电处反映。

　　本分册为《图集》之《泵站工程》分册。

　　《图集》（《泵站工程》分册）主要参与人员：

　　审定：钟再群、杨诗君；

　　审查：曹希、陈志江、黎军锋、王平、朱健荣；

　　审核：李燕妮、伍佑伦、盛东、梁卫平、董洁平；

　　主要编制人员：罗国平、张杰、楚贝、刘思妍、罗超、邓仁贵、袁理、程灿、陈志、罗仕军、刘孝俊、李康勇、张勇、陈虹宇、李泰、周家俊、朱静思、姚仕伟、于洋、赵馀、徐义军、李忠润。

作者

2021 年 8 月

目　录

1 范围

1.1 《图集》所称的泵站工程是指总装机功率小于0.1MW、设计流量小于1m³/s的灌溉泵站，其他类型泵站可参照使用。

1.2 泵站工程包括进水池、泵房、出水池等。

1.3 本分册提出了总装机功率小于0.1MW、设计流量小于1m³/s的农村灌溉建设的一般要求。适用于分基型离心泵泵站、干室型离心泵泵站、湿室型泵站、潜水泵泵站、井泵泵站、深井潜水泵泵站以及大口井潜水泵泵站的更新和改造。

1.4 泵站工程均应按相关规范要求进行计算，合理选择水泵型号、进出水管管径、进出水池尺寸及泵房结构尺寸。

2 《图集》主要引用的法律法规及规程规范

2.1 《图集》主要引用的法律法规

《中华人民共和国水法》

《中华人民共和国安全生产法》

《中华人民共和国环境保护法》

《中华人民共和国节约能源法》

《中华人民共和国消防法》

《中华人民共和国水土保持法》

《农田水利条例》（中华人民共和国国务院令第669号）

注：《图集》引用的法律法规，未注明日期的，其最新版本适用于《图集》

2.2 《图集》主要引用的规程规范

SL 56—2013 农村水利技术术语

SL 252—2017 水利水电工程等级划分及洪水标准

GB 50010—2010（2015版） 混凝土结构设计规范

SL 191—2008 水工混凝土结构设计规范

GB 50265—2010 泵站设计规范

GB/T 51033—2014 水利泵站施工及验收规范

SL 317—2015 泵站设备安装及验收规范

SL 254—2016 泵站技术改造规程

SL 303—2017 水利水电工程施工组织设计规范

SL 223—2008 水利水电建设工程验收规程

SL 73.1—2013 水利水电工程制图标准基础制图

GB/T 18229—2000 CAD工程制图规则

SL 256—2000 机井技术规范

注：《图集》引用的规程规范，凡是注日期的，仅所注日期的版本适用于《图集》；凡是未注日期的，其最新版本（包括所有的修改单）适用于《图集》。

1

3 术语和定义

3.1 分基型泵房

泵房的基础与机组基础分开建筑，结构型式一般与单层工厂厂房相似。

3.2 干室型泵房

当水源水位变幅较大时，为了防止高水位时水从泵房四周和底部渗入，将泵房周围墙壁和泵房底板以及机组基础用钢筋混凝土浇筑成不透水的整体，形成干燥的地下室，这种泵房称为干室型泵房。

3.3 牛腿

悬臂体系的挂梁与悬臂间必然出现搁置构造，通常将悬臂端和挂梁端的局部构造称为牛腿，其作用是衔接悬臂梁与挂梁，并传递来自挂梁的荷载。

3.4 卧式泵

泵轴为水平的水泵。

3.5 立式泵

泵轴垂直于地面的水泵。

3.6 吊车梁

用于专门装载厂房内部吊车的梁，一般安装在厂房上部。

3.7 雨水箅子

由扁钢及扭绞方钢或扁钢和扁钢焊接而成，通过箅子滞留雨水中携带的体积较大的污物，其作用是过滤截留。

3.8 挡土墙反滤包

用在挡墙内侧排水口处，用于防止水管堵塞的砂石过滤袋。

3.9 拦污栅

设在进水口前，用于拦阻水流挟带的水草、漂木等杂物（一般称污物）的框栅式结构。

3.10 安全超高

波浪、壅浪计算顶高程以上距离泵房挡水部位顶部的高度。其作用是防止波浪壅高时不发生坝、堤漫水的危险。

3.11 进水池

水泵进水管直接取水的水池，又称集水池。

3.12 出水池

汇集出水管道水流并调整出水流态的工程设施。

3.13 镇墩

设置在管道水平或垂直转角处防止管线移位的水工建筑物，通常为钢筋混凝土结构。

3.14 支墩

为防止管内水压引起水管配件接头移位而砌筑的礅座。

3.15 扬程

水泵能够扬水的高度，是泵的重要工作性能参数，又称压头。

3.16 基座

承载机器重量和负荷的支承物，其目的是保证机械平稳正常运行。

3.17 地基承载力

地基承担荷载的能力。

4 一般要求

4.1 工程等级及划分

泵站的工程等别、工程规模及建筑物级别按表1进行划分。

表1 泵站工程等级划分标准

工程等别	建筑物级别	设计流量（m³/s）	装机功率（MW）
V	5	<2	<0.1

注 《图集》所适用的泵站工程为总装机小于0.1MPa、设计流量小于1m³/s的泵站。

4.2 泵站的主要设计参数

2

4.2.1 泵站的防洪标准应符合表2的要求。

表2　　　　泵站建筑物的防洪标准

水工建筑物级别	洪水重现期（年）	
	设计	校核
5	10	30

4.2.2 灌溉泵站设计流量应根据设计灌水率、灌溉面积、渠系水利用系数及灌区内调蓄容积等综合分析计算确定。

4.2.3 灌溉泵站进水池水位应按下列规定采用：

1. 设计水位：从河流、湖泊或水库取水时，取历年灌溉期水源保证率为85%～95%的日平均或旬平均水位；从渠道取水时，取渠道通过设计流量时的水位。

2. 最高运行水位：从河流、湖泊取水时，取重现期5～10年一遇洪水的日平均水位；从水库取水时，根据水库调蓄性能论证确定；从渠道取水时，取渠道通过加大流量时的水位。

3. 最低运行水位：从河流、湖泊或水库取水时，取历年灌溉期水源保证率为95%～97%的最低日平均水位；从渠道取水时，取渠道通过单泵流量时的水位。

4.3 总体布置

4.3.1 泵站站址应根据流域（地区）治理或城镇建设的总体规划、泵站规模、运行特点和综合利用要求，考虑地形、地质、水源或承泄区、电源、枢纽布置、对外交通、占地、拆迁、施工、管理等因素以及扩建的可能性，经技术经济比较选定。

4.3.2 山丘区泵站站址宜选择在地形开阔、岸坡适宜、有利于工程布置的地点。

4.3.3 泵站站址宜选择在岩土坚实、抗渗性能良好的天然地基上，不应设在大的和活动性的断裂构造带以及其他不良地质地段。选择站址时，如遇淤泥、流沙、湿陷性黄土、膨胀土等地基，应慎重研究确定基础类型和地基处理措施。

4.3.4 泵站的总体布置应根据站址的地形、地质、水流、泥沙、供电、环境等条件，结合整个水利枢纽或供水系统布局、综合利用要求、机组型式等，做到布置合理，有利施工，运行安全，管理方便，少占耕地，美观协调。

4.3.5 泵站室外专用变电站应靠近辅机房布置，宜与安装检修间同一高程，并应满足变电设备的安装检修、运输通道、进线出线、防火防爆等要求。

4.4 泵房设计

4.4.1 泵房布置

1. 泵房布置应根据泵站的总体布置要求和站址地质条件，机电设备型号和参数，进、出水流道（或管道），电源进线方向，对外交通以及有利于泵房施工、机组安装与检修和工程管理等，经技术经济比较确定。

2. 泵房布置应符合下列规定：

（1）满足机电设备布置、安装、运行和检修的要求。

（2）满足泵房结构布置的要求。

（3）满足泵房内通风、采暖和采光要求，并符合防潮、防火、防噪声等技术规定。

（4）满足内外交通运输的要求。

3. 泵房挡水部位顶部安全超高不应小于表3的规定。

表3　　　　泵站挡水部位顶部安全超高下限值

建筑物级别	安全超高（m）	
	设计	校核
5	0.3	0.2

注　1．安全超高指波浪、壅浪计算顶高程以上距离泵房挡水部位顶部的高度；

　　2．设计运用情况系指泵站在设计运行水位或设计洪水位时运用的情况，校核运用情况系指泵站在最高运行水位或校核洪（涝）水位时运用的情况。

4. 主泵房长度应根据布置形式、机组段长度和安装检修间的布置等因素确定，并应满足机组吊运和泵房内部交通的要求。

5. 主泵房宽度应根据主机组及辅助设备、电气设备布置要求，进、出水流道（或管道）的尺寸，工作通道宽度，进、出水侧必需的设备吊运要求等因素，结合起吊设备的标准跨度确定。

6. 主泵房门窗应根据泵房内通风、采暖和采光的需要合理布置。严寒地区应采用双层玻璃窗。向阳面窗户宜有遮阳设施。有防酸要求的蓄电池室和贮酸室不应采用空腹门窗，受阳光直射的窗户宜采用磨砂玻璃。

4.4.2 防渗排水布置

1. 防渗排水布置应根据站址地质条件和泵站扬程等因素，结合泵房、两岸联接结构和进、出水建筑物的布置，设置完整的防渗排水系统。

2. 当地基持力层为较薄的砂性土层或砂砾石层，其下有相对不透水层时，可在泵房底板的上游端（出水侧）设置截水槽或短板桩。截水槽或短板桩嵌入不透水层的深度不宜小于1.0m。在渗流出口处应设置排水反滤层。

3. 当下卧层为相对透水层时，应验算覆盖层抗渗、抗浮稳定性。必要时，前池、进水池可设置深入相对透水层的排水减压井。

4. 岩基上泵房可根据防渗需要在底板上游端（出水侧）的齿墙下设置灌浆帷幕，其后应设置排水设施。

5. 高扬程泵站的泵房可根据需要在其上游侧（出水侧）岸坡上设置通畅的自流排水沟和可靠的护坡措施。

6. 所有顺水流向永久变形缝（包括沉降缝、伸缩缝）的水下缝段，应埋设不少于一道材质耐久、性能可靠的止水片（带）。

7. 侧向防渗排水布置应根据泵站扬程，岸、翼墙后土质及地下水位变化等情况综合分析确定，并应与泵站正向防渗排水布置相适当。

4.5 引渠

4.5.1 泵站引渠的线路应根据选定的取水口及泵房位置，结合地形地质条件，经技术经济比较选定，并宜符合下列要求：

1. 渠线宜避开地质构造复杂、渗透性强和有崩塌可能的地段。渠身宜坐落在挖方地基上，少占耕地。

2. 渠线宜顺直。如需设弯道时，土渠弯道半径不宜小于渠道水面宽的5倍，石渠及衬砌渠道弯道半径不宜小于渠道水面宽的3倍，弯道终点与前池进口之间宜有直线段，长度不宜小于渠道水面宽的8倍。

4.5.2 引渠纵坡和断面，应根据地形、地质、水力、输沙能力和工程量等条件计算确定，并应满足引水流量，行水安全，渠床不冲、不淤和引渠工程量小等要求。渠床糙率、渠道的比降和边坡系数等重要设计参数，可按国家现行有关规定采用。

4.5.3 引渠末段的超高应按突然停机，压力管道倒流水量与引渠来水量共同影响下水位壅高的正波计算确定。

4.5.4 季节性冻土地区的土质引渠采用衬砌时，应采取抗冻胀措施。

4.6 前池及进水池

4.6.1 泵站前池布置应满足水流顺畅、流速均匀、池内不得产生涡流的要求，宜采用正向进水方式。正向进水的前池，扩散角不应大于40°，底坡不宜陡于1:4。

4.6.2 进水池设计应使池内流态良好，满足水泵进水要求，且便于清淤和管理维护。

4.6.3 进水池的水下容积可按共用该进水池水泵的30～50倍设计流量确定。

4.7 出水管道

4.7.1 泵房外出水管道的布置，应根据泵站总体布置要求，结合地形、地质条件确定。管线应短而直，水力损失小，管道施工及运行管理应方便。管型、管材及管道根数等应经技术经济比较确定。出水管道应避开地质不良地段，不能避开时，应采取安全可靠的工程措施。铺设在填方上的管道，填方应压实处理，做好排水设施。管道跨越山洪沟道时，应设置排洪建筑物。

4.7.2 出水管道的转弯角宜小于60°，转弯半径宜大于2倍管径。管道在平面和立面上均需转弯且其位置相近时，宜合并成一个空间转弯角。管顶线宜布置在最低压力坡度线下。当出水管道线路较长时，应在管线最高处设置排（补）气阀，其数量和直径应经计算确定。

4.7.3 出水管道的出口上缘应淹没在出水池最低运行水位以下 0.1 ~ 0.2m。出水管道出口外应设置断流设施。

4.7.4 明管设计应满足下列要求：

1. 明管转弯处必须设置镇墩。在明管直线段上设置的镇墩，其间距不宜超过 100m。两镇墩之间的管道应设伸缩节，伸缩节应布置在上端。

2. 管道支墩的型式和间距应经技术分析和经济比较确定。除伸缩节附近处，其他各支墩宜采用等间距布置。预应力钢筋混凝土管道应采用连续管座或每节设 2 个支墩。

3. 钢管底部应高出管道槽地面 0.6m，预应力钢筋混凝土管承插口底部应高出管槽地面 0.3m。

4. 管槽应有排水设施。坡面宜护砌。当管槽纵向坡度较陡时，应设人行阶梯便道，其宽度不宜小于 1.0m。

5. 在严寒地区冬季运行时，可根据需要对管道采取防冻保温措施。

4.7.5 埋管设计应满足下列要求：

1. 埋管管顶最小埋深应在最大冻土深度以下。

2. 埋管宜采用连续垫座。圬工垫座的包角可取 90° ~ 135°。

3. 埋入地下的钢管应做防锈处理；当地下水对钢管有侵蚀作用时，应采取防侵蚀措施。

4. 埋管上回填土顶面应做横向及纵向排水沟。

5. 埋管应设检查孔，每条管道不宜少于 2 个。

6. 钢管管身应采用镇静钢，钢材性能必须符合国家现行有关规定。焊条性能应与母材相适应。焊接成型的钢管应进行焊缝探伤检查和水压试验。

4.7.6 钢筋混凝土管道设计应满足下列要求：

（1）混凝土强度等级：预应力钢筋混凝土不得低于 C40；预制钢筋混凝土不得低于 C25，现浇钢筋混凝土不得低于 C25。

（2）现浇钢筋混凝土管道伸缩缝的间距应按纵向应力计算确定，且不宜大于 20m。在软硬两种地基交界处应设置伸缩缝或沉降缝。

（3）预制钢筋混凝土管道及预应力钢筋混凝土管道在直线段每隔 50 ~ 100m 宜设一个安装活接头。管道转弯和分岔处宜采用钢管件连接，并设置镇墩。

4.8 混凝土结构耐久性要求

1. 素混凝土强度等级为 C25，钢筋混凝土强度等级不低于 C25。水灰比不大于 0.6。

2. 混凝土抗渗等级为 W2。

4.9 混凝土冬雨季施工

雨季施工时，混凝土浇筑前应排干仓内积水，混凝土浇筑完应用防水布覆盖，防止雨淋；冬季施工时，在温度较低时应及时对浇筑后的混凝土用麻袋或草袋覆盖，防止混凝土冻坏。温度低于零度时，应停止混凝土工程施工。

4.10 混凝土质量控制

为保证混凝土施工质量满足设计要求，应对施工中各主要环节及硬化后的混凝土质量进行控制和检查。混过凝土施工质量控制采用混凝土强度标准差 σ < 3.0 ~ 4.0，强度保证率 $P \geq 90\%$，且最小强度应大于混凝土设计强度的 90%。

4.11 金属结构安装

泵站工程金属结构安装工程量和单件重量均不大，外形尺寸最大的为闸门。建议闸门门叶、附件及钢材在固定加工厂按需加工成成品后运送至工地。

安装闸门启闭机时可采用汽车式起重机吊装，钢筋安装选派熟练的钢筋工即可。施工时需配备电焊机、千斤顶等机具。

4.12 施工注意事项

1. 混凝土构件必须保持表面平整光滑、无蜂窝麻面，制作尺寸误差 ±5mm。

2. 构筑物及户外电气设备必须设置护栏等安全设施的，须按国家有关行业规定执行。

3. 本《图集》施工还应遵循涉及的其他各类相关工程施工验收规程规范要求。

4.13 其他事项

1. 工程施工除需专业技术人员操作的闸门、设备、电源外，其他项目由专业技术人员现场指导施工。

2. 施工及运行期须加强安全防护，确保人员及工程安全。

3. 电源工程，根据水源工程及控制设施需求，选用380V或220V电源。分册设备可采用太阳能及风力发电提供电源，实现节能减排。

4. 管道、管材、设备以及预制件均采用具备资质厂家的合格产品，混凝土、砌体建筑物等依据本分册设计，实现标准化、规范化。

5. 本分册虽考虑了分册安全设计，但仍应加强安全知识教育，提高安全生产意识，确保安全。

5 图集代号一览表

表4 图 集 代 号 一 览 表

代号	名称
BZ	泵站
DQQ	挡土墙式取水
JB	井泵
QSB	潜水泵
CSC	出水池

泵房外观设计图
1:25

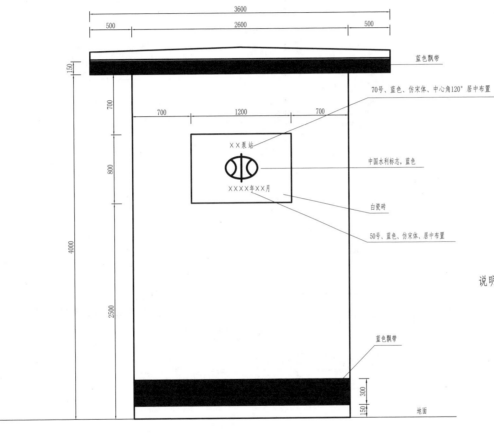

蓝色飘带

70号、蓝色、仿宋体、中心角120°居中布置

××泵站

中国水利标志，蓝色

××××年××月

白瓷砖

50号、蓝色、仿宋体、居中布置

蓝色飘带

地面

说明:
1. 本图尺寸以mm计，高程以m计。
2. 泵房墙面：白色为主，离地面15cm处设30cm宽蓝色飘带，两楼层中间位置设15cm蓝色飘带；飘带遇上徽标断开，以徽标两侧各间隔15cm为准。
3. 门窗：门采用2000×2000×40（宽×高×厚）铁门，门背面用b45×40角钢对角焊接加固，除锈后，用防锈漆大底两道，扫墨绿色油漆二道。窗户采用铝合金推拉窗（b×h=1500×1800），外加不锈钢（内加钢筋）防护窗。
4. 泵房屋面采用刚性防水，现浇15cm厚C25钢筋混凝土，再用100mm厚1：8水泥炉渣找坡，最后一油一SBS防水。
5. 泵房地面为20cm厚C20混凝土地面，下设20cm厚碎石垫层。
6. 泵房基础承载力不小于150kPa，如遇软弱地基，可以采用松木桩、端承桩、摩擦桩等地基处理方式。

分基型离心泵泵站平面布置图

比例 0 1 2m

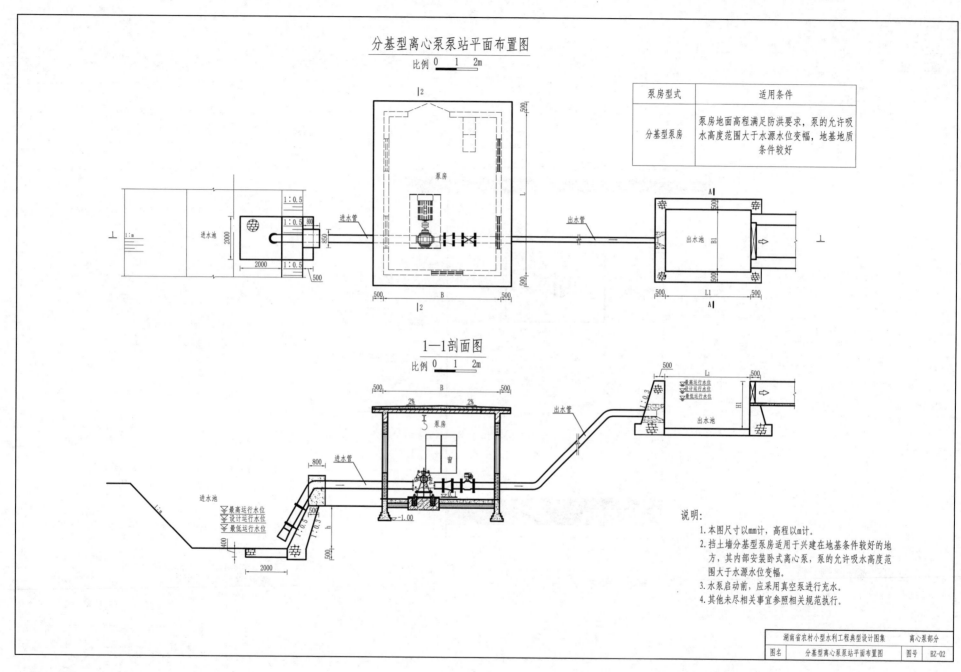

泵房型式	适用条件
分基型泵房	泵房地面高程满足防洪要求，泵的允许吸水高度范围大于水源水位变幅，地基地质条件较好

1—1剖面图

比例 0 1 2m

说明：
1. 本图尺寸以mm计，高程以m计。
2. 挡土墙分基型泵房适用于兴建在地基条件较好的地方，其内部安装卧式离心泵，泵的允许吸水高度范围大于水源水位变幅。
3. 水泵启动前，应采用真空泵进行充水。
4. 其他未尽相关事宜参照相关规范执行。

湖南省农村小型水利工程典型设计图集		离心泵部分
图名	分基型离心泵泵站平面布置图	图号 BZ-02

分基型泵房平面布置图

比例 0 0.5 1m

说明:
1. 本图尺寸以mm计, 高程以m计。
2. 泵房宽度$B=B_1+B_2+B_3+B_4+B_5+1.0+0.48$, m;
   B_1——建筑物墙壁到机组之间的距离, m;
   B_2——机组长度, m;
   B_3——偏心异径收缩短管的长度, m;
   B_4——连接短管长度, m;
   B_5——止回阀 (逆止阀) 长度, m。
3. 泵房长度$L=1.0+L_j+2.0+1.6+0.48=L_j+5.08$, m;
   L_j——基座长度, m。
4. 其他未尽相关事宜参照相关规范执行。

湖南省农村小型水利工程典型设计图集		离心泵部分
图名	分基型离心泵泵房设计图(1/3)	图号 BZ-03

9

1—1剖面图

比例 0 0.5 1m

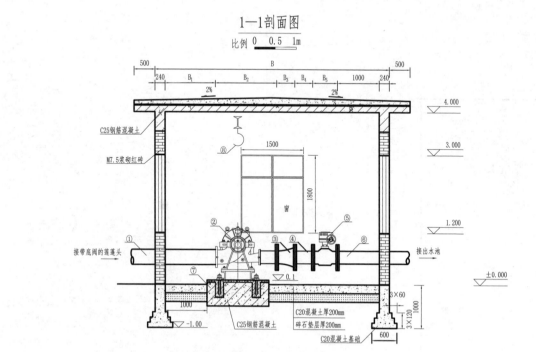

C25钢筋混凝土
M7.5浆砌红砖
接带底阀的莲蓬头
接出水池

500 B 500
240 B₁ B₂ B₃ B₄ B₅ 1000 240
2% 2%

4.000
3.000
1.200
±0.000

1500
1800
窗

① 进水管
② 水泵机组
③ 渐扩管
④ 伸缩节
⑤ 止回阀
⑥ 出水管
⑦ 机组基座
⑧ 手电两用葫芦

C20混凝土厚200mm
碎石垫层厚200mm
C25钢筋混凝土
C20混凝土基础

1000
3×60
3×120
1000
600
-1.00
▽ 0.1

屋顶结构大样图

0 0.25 0.5m

一油一SBS防水层
100mm1:8水泥炉渣找坡层
150mmC25钢筋混凝土屋面
三遍腻子胶粉面

500 240
2%
720
270
450

主要设备材料名称表

编号	名 称
①	进水管
②	水泵机组
③	渐扩管
④	伸缩节
⑤	止回阀
⑥	出水管
⑦	机组基座
⑧	手电两用葫芦

说明:
1. 本图尺寸以mm计,高程以m计。
2. 泵房宽度B=B₁+B₂+B₃+B₄+B₅+1.48,m;
   B₁——建筑物墙壁到机组之间的距离,m;
   B₂——机组长度,m;
   B₃——偏心异径收缩短管的长度,m;
   B₄——连接短管长度,m;
   B₅——止回阀(逆止阀)长度,m。
3. 其他未尽相关事宜参照相关规范执行。

湖南省农村小型水利工程典型设计图集   离心泵部分

| 图名 | 分基型离心泵泵房设计图(2/3) | 图号 | BZ-04 |

2—2剖面图

比例 0 0.5 1m

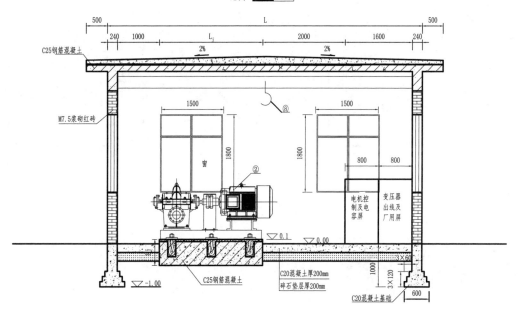

说明：
1. 本图尺寸以mm计，高程以m计。
2. 泵房长度L=1.0+L_j+2.0+1.6+0.48=L_j+5.08, m；
   L_j——基座长度，m。
3. 其他未尽事宜参照相关规范执行。

湖南省农村小型水利工程典型设计图集		离心泵部分	
图名	分基型离心泵泵房设计图(3/3)	图号	BZ-05

11

机组基座平面图
比例 0 0.5 1m

L_j

B_j

2—2剖面图
比例 0 0.5 1m

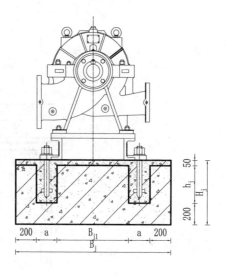

50
h_j
H_j
200

200 a B_{j1} a 200
B_j

1—1剖面图
比例 0 0.5 1m

50
h_j
H_j
200

200 a L_{j1} a L_{j2} a 200
L_j

说明:
1. 本图尺寸以mm计,高程以m计。
2. 机组基座长度$L_j=3a+L_{j1}+L_{j2}+0.4$, m;
   a——预留螺栓孔宽度;
   L_{j1}——螺栓孔之间的距离;
   L_{j2}——螺栓孔之间的距离。
3. 机组基座宽度$B_j=2a+B_{j1}+0.4$, m;
   a——预留螺栓孔宽度;
   B_{j1}——螺栓孔之间的距离。
4. 机组基座高度$H_j=h_j+0.25$, m;
   h_j——预留螺栓孔的深度。

湖南省农村小型水利工程典型设计图集	离心泵部分	
图名　分基型泵房机组基座结构图	图号	BZ-06

干室型离心泵泵站平面布置图

比例 0 1 2m

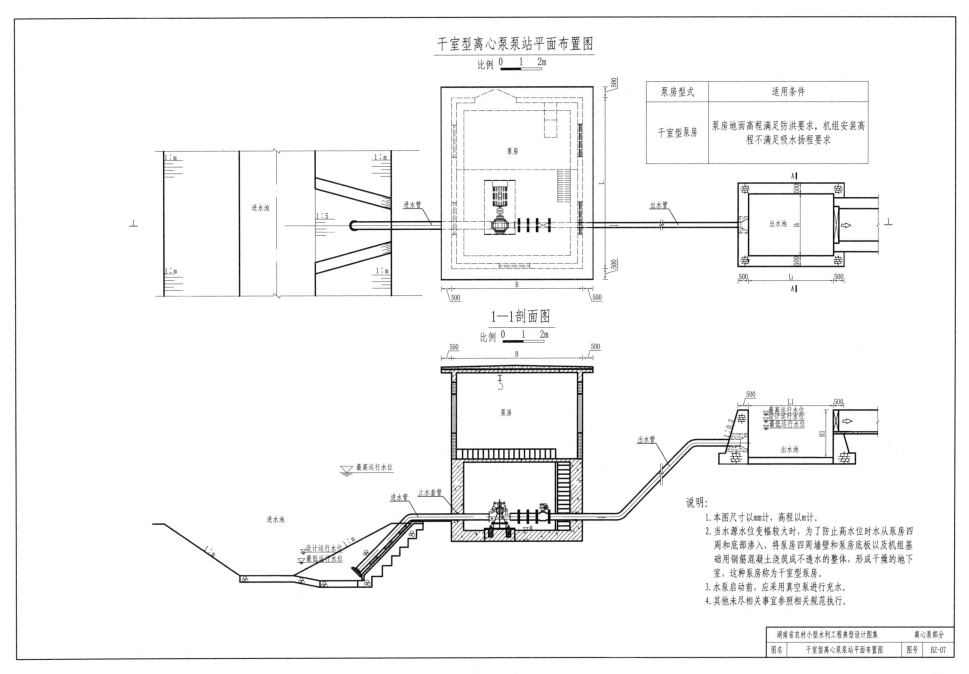

泵房型式	适用条件
干室型泵房	泵房地面高程满足防洪要求，机组安装高程不满足吸水扬程要求

1—1剖面图

比例 0 1 2m

说明:

1. 本图尺寸以mm计, 高程以m计。
2. 当水源水位变幅较大时, 为了防止高水位时水从泵房四周和底部渗入, 将泵房四周墙壁和泵房底板以及机组基础用钢筋混凝土浇筑成不透水的整体, 形成干燥的地下室, 这种泵房称为干室型泵房。
3. 水泵启动前, 应采用真空泵进行充水。
4. 其他未尽相关事宜参照相关规范执行。

湖南省农村小型水利工程典型设计图集		离心泵部分	
图名	干室型离心泵泵站平面布置图	图号	BZ-07

13

干室型泵房平面布置图

比例 0 0.5 1m

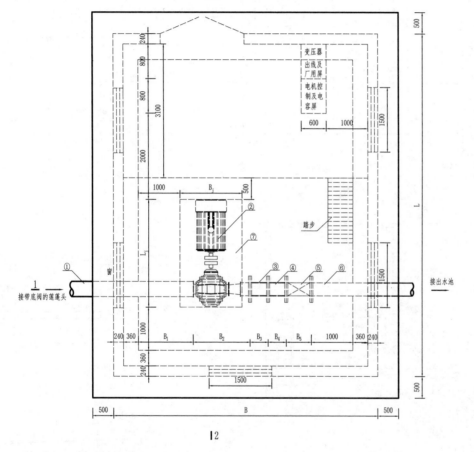

泵房型式	适用条件
干室型泵房	水位变幅较大，泵房地面高程不满足防洪要求，机组安装高程不满足吸水扬程要求

说明:

1. 本图尺寸以mm计，高程以m计。
2. 当水源水位变幅较大时，为了防止高水位时水从泵房四周和底部渗入，将泵房四周墙壁和泵房底板以及机组基础用钢筋混凝土浇筑成不透水的整体，形成干燥的地下室，这种泵房称为干室型泵房。
3. 泵房宽度$B=B_1+B_2+B_3+B_4+B_5+2.2$，m;
   B_1——建筑物墙壁到机组之间的距离，m;
   B_2——机组长度，m;
   B_3——偏心异径收缩短管的长度，$L_4=3～4=(DB-dB)$，m;
   B_4——连接短管长度，m;
   B_5——止回阀（逆止阀）长度，m。
4. 泵房长度$L=L_j+5.44$，m;
   L_j——基座长度，m。

	湖南省农村小型水利工程典型设计图集	离心泵部分
图名	干室型离心泵泵房设计图(1/3)	图号 BZ-08

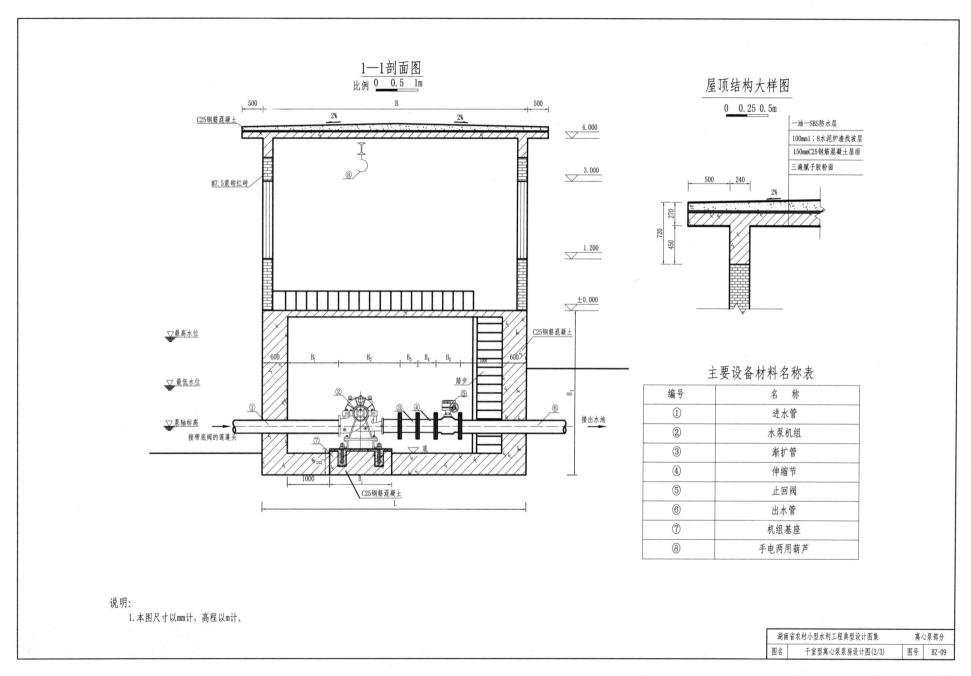

1—1剖面图

比例 0　0.5　1m

C25钢筋混凝土

M7.5浆砌红砖

4.000

3.000

1.200

±0.000

⑧

500　B　500

2%　　2%

最高水位

最低水位

泵轴标高

接带底阀的莲蓬头

600　B₁　B₂　B₃　B₄　B₅　600

踏步

C25钢筋混凝土

① ② ③ ④ ⑤ ⑥

1000

H₁

接出水池

底

1000

H₂

B₆

C25钢筋混凝土

L

屋顶结构大样图

0　0.25 0.5m

一油一SBS防水层
100mm1：8水泥炉渣找坡层
150mmC25钢筋混凝土屋面
三遍腻子胶粉面

500　240

2%

270　720　450

主要设备材料名称表

编号	名　称
①	进水管
②	水泵机组
③	渐扩管
④	伸缩节
⑤	止回阀
⑥	出水管
⑦	机组基座
⑧	手电两用葫芦

说明:
1.本图尺寸以mm计,高程以m计。

湖南省农村小型水利工程典型设计图集	离心泵部分
图名　干室型离心泵泵房设计图(2/3)	图号　BZ-09

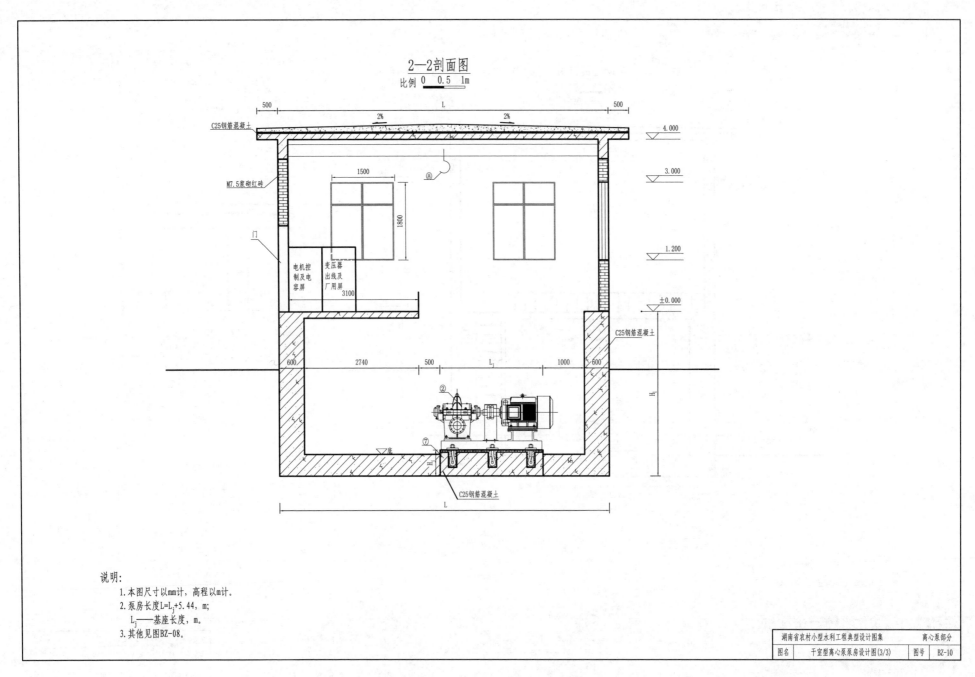

2—2剖面图

比例 0 0.5 1m

500 | L | 500

2% 2%

C25钢筋混凝土

4.000

3.000

M7.5浆砌红砖

1500

1800

1.200

门

电机控制及电容屏

变压器出线及厂用屏

3100

±0.000

C25钢筋混凝土

600 | 2740 | 500 | L_j | 1000 | 600

H_j

② ⑦

C25钢筋混凝土

L

说明:

1.本图尺寸以mm计,高程以m计。

2.泵房长度L=L_j+5.44,m;

　　L_j——基座长度,m。

3.其他见图BZ-08。

湖南省农村小型水利工程典型设计图集		离心泵部分
图名	干室型离心泵泵房设计图(3/3)	图号 BZ-10

湿室型泵房平面布置图

比例 0 0.5 1m

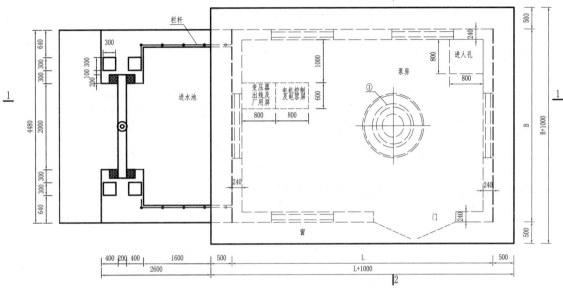

门槽二期混凝土平面图

比例 0 0.1 0.2m

泵房型式	适用条件
湿室型泵房	流量较大，扬程较低

说明:
1.本图尺寸以mm计，高程以m计。

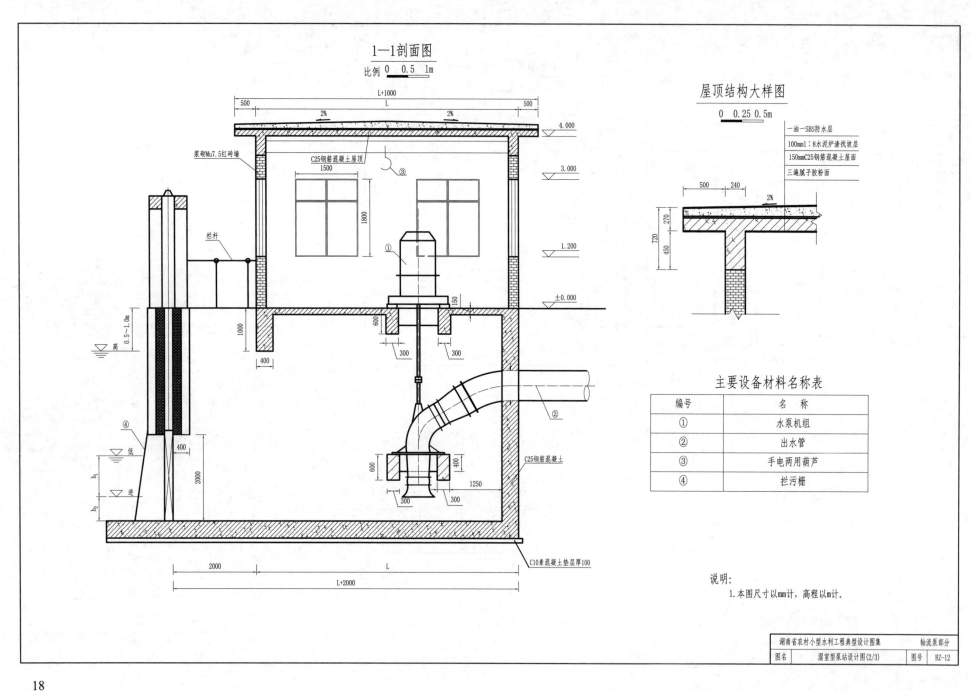

1—1剖面图
比例 0 0.5 1m

L+1000
500 L 500
2% 2%
4.000

浆砌Mu7.5红砖墙

C25钢筋混凝土屋顶
1500
③
3.000

1800

1.200

栏杆

①

±0.000

150

600

0.5～1.0m

1000

高

400

300 300

②

④

低

400

h₁

2000

进

h₂

600 400

C25钢筋混凝土

1250

300 300

2000 L

C10素混凝土垫层厚100

L+2000

屋顶结构大样图
0 0.25 0.5m

一油一SBS防水层
100mm1:8水泥炉渣找坡层
150mmC25钢筋混凝土屋面
三遍腻子胶粉面

500 240
2%

720 270
450

主要设备材料名称表

编号	名 称
①	水泵机组
②	出水管
③	手电两用葫芦
④	拦污栅

说明:
1.本图尺寸以mm计,高程以m计。

湖南省农村小型水利工程典型设计图集   轴流泵部分
图名 湿室型泵站设计图(2/3)   图号 BZ-12

2—2剖面图

比例 0 0.5 1m

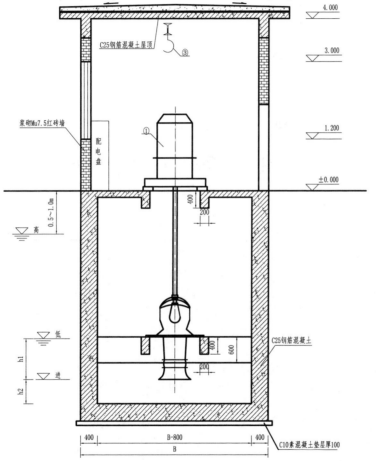

B+1000

500   B   500

2%   2%

4.000

3.000

C25钢筋混凝土屋顶

③

1.200

浆砌Mu7.5红砖墙

配电盘

①

±0.000

0.5~1.0m

400

200

高

低

400

600

C25钢筋混凝土

进

200

h1

h2

400   B-800   400

B

C10素混凝土垫层厚100

说明:
1. 本图尺寸以mm计,高程以m计。
2. 水泵型号、配套电机功率、出水管管径、排水管管径根据实际情况确定。
3. 其他未尽事宜参照相关规范执行。

湖南省农村小型水利工程典型设计图集		轴流泵部分
图名	湿室型泵站设计图(3/3)	图号	BZ-13

河(渠)岸挡土墙式分基型潜水泵泵房平面布置图

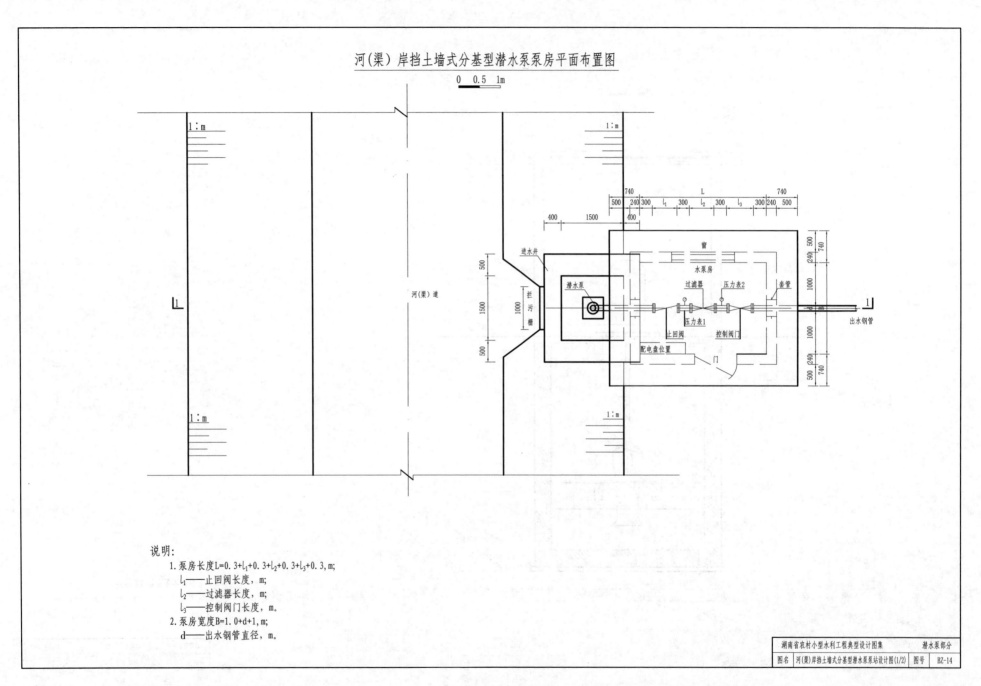

说明:
1. 泵房长度L=0.3+l₁+0.3+l₂+0.3+l₃+0.3,m;
   l₁——止回阀长度,m;
   l₂——过滤器长度,m;
   l₃——控制阀门长度,m。
2. 泵房宽度B=1.0+d+1,m;
   d——出水钢管直径,m。

湖南省农村小型水利工程典型设计图集		潜水泵部分
图名	河(渠)岸挡土墙式分基型潜水泵泵站设计图(1/2)	图号 BZ-14

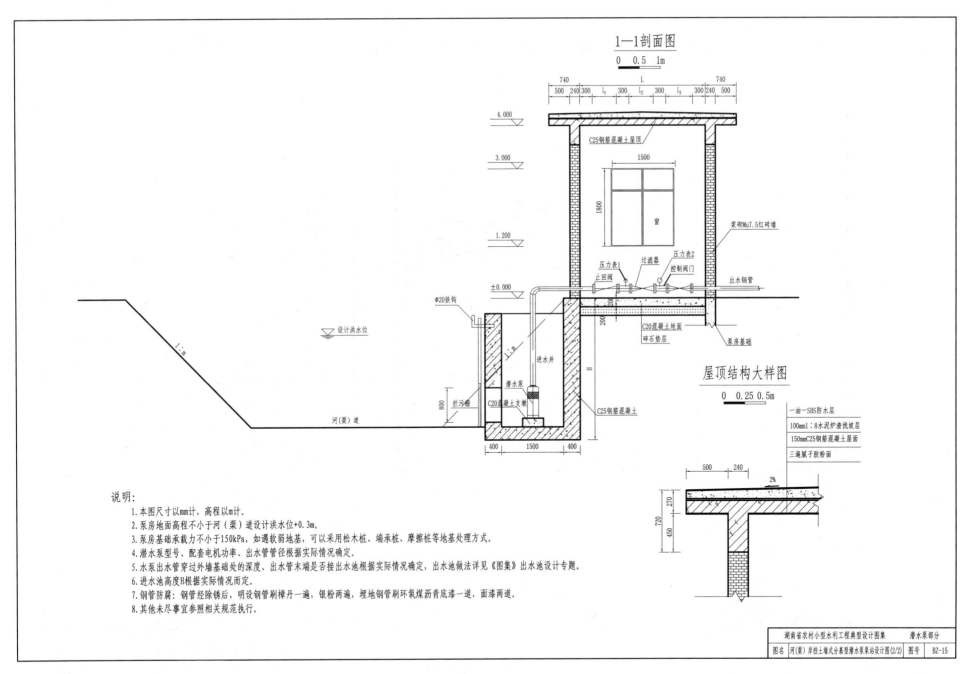

1—1剖面图

0　0.5　1m

C25钢筋混凝土屋顶

窗

浆砌Mu7.5红砖墙

压力表1　过滤器　压力表2
止回阀　　控制阀门　出水钢管

C20混凝土地面
碎石垫层
泵房基础

φ20铁钩

设计洪水位

进水井

潜水泵
C20混凝土支墩

拦污栅

河(渠)道

C25钢筋混凝土

屋顶结构大样图

0　0.25 0.5m

一油一SBS防水层
100mm1:8水泥炉渣找坡层
150mmC25钢筋混凝土屋面
三遍腻子胶粉面

2%

说明:

1. 本图尺寸以mm计,高程以m计。
2. 泵房地面高程不小于河(渠)道设计洪水位+0.3m。
3. 泵房基础承载力不小于150kPa,如遇软弱地基,可以采用松木桩、端承桩、摩擦桩等地基处理方式。
4. 潜水泵型号、配套电机功率、出水管管径根据实际情况确定。
5. 水泵出水管穿过外墙基础处的深度、出水管末端是否接出水池根据实际情况确定,出水池做法详见《图集》出水池设计专题。
6. 进水池高度H根据实际情况而定。
7. 钢管防腐:钢管经除锈后,明设钢管刷樟丹一遍,银粉两遍,埋地钢管刷环氧煤沥青底漆一道,面漆两道。
8. 其他未尽事宜参照相关规范执行。

湖南省农村小型水利工程典型设计图集		潜水泵部分	
图名	河(渠)岸挡土墙式分基型潜水泵泵站设计图(2/2)	图号	BZ-15

河(渠)岸斜坡式分基型潜水泵泵房平面布置图

0   0.5   1m

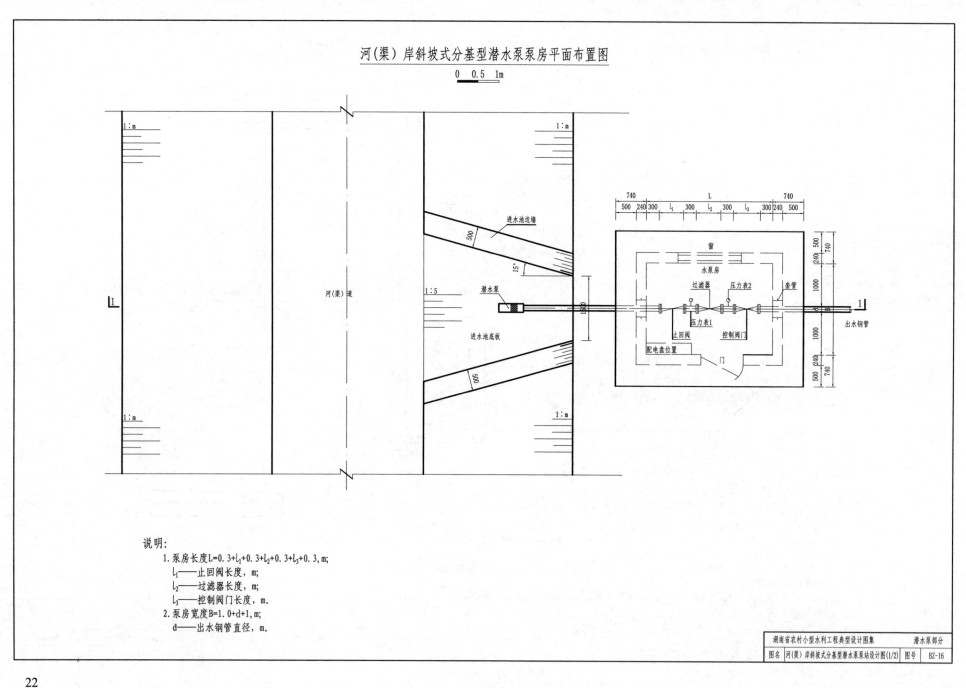

说明:
1. 泵房长度L=0.3+l_1+0.3+l_2+0.3+l_3+0.3, m;
   l_1——止回阀长度, m;
   l_2——过滤器长度, m;
   l_3——控制阀门长度, m。
2. 泵房宽度B=1.0+d+1, m;
   d——出水钢管直径, m。

湖南省农村小型水利工程典型设计图集   潜水泵部分

图名 河(渠)岸斜坡式分基型潜水泵泵站设计图(1/2) 图号 BZ-16

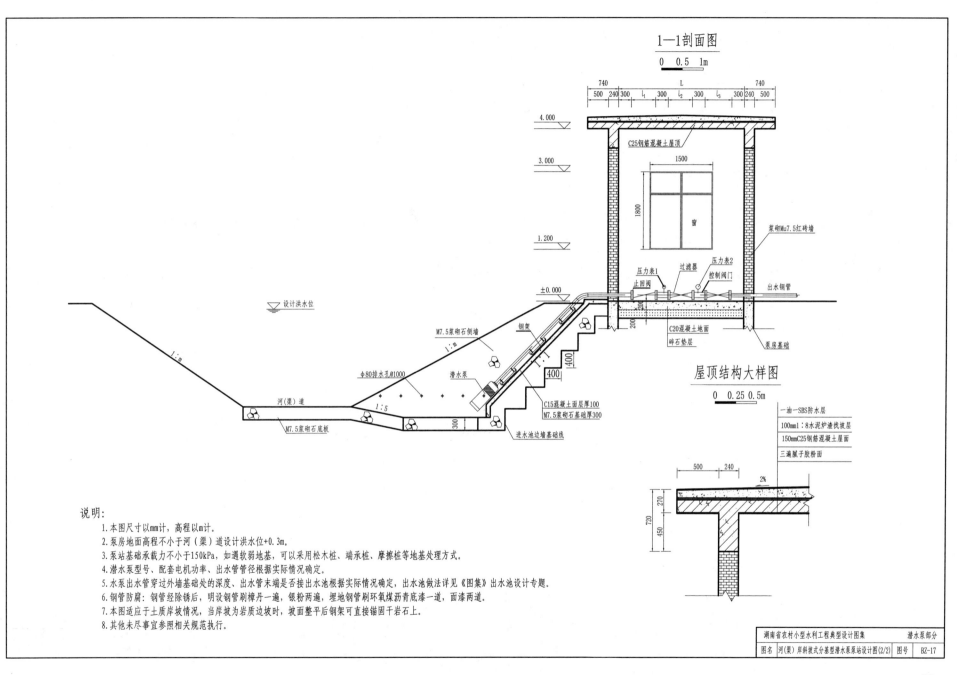

1—1剖面图

0 0.5 1m

C25钢筋混凝土屋顶

浆砌Mu7.5红砖墙

压力表1
止回阀
过滤器
控制阀门
压力表2
出水钢管

C20混凝土地面
碎石垫层
泵房基础

设计洪水位

M7.5浆砌石侧墙
钢架
Φ80排水孔@1000
潜水泵
河(渠)道
M7.5浆砌石底板
进水池边墙基础线
C15混凝土面层厚100
M7.5浆砌石基础厚300

屋顶结构大样图

0 0.25 0.5m

一油一SBS防水层
100mm1：8水泥炉渣找坡层
150mmC25钢筋混凝土屋面
三遍腻子胶粉面

说明:
1. 本图尺寸以mm计, 高程以m计。
2. 泵房地面高程不小于河(渠)道设计洪水位+0.3m。
3. 泵站基础承载力不小于150kPa, 如遇软弱地基, 可以采用松木桩、端承桩、摩擦桩等地基处理方式。
4. 潜水泵型号、配套电机功率、出水管管径根据实际情况确定。
5. 水泵出水管穿过外墙基础处的深度、出水管末端是否接出水池根据实际情况确定, 出水池做法详见《图集》出水池设计专题。
6. 钢管防腐: 钢管经除锈后, 明设钢管刷樟丹一遍, 银粉两遍, 埋地钢管刷环氧煤沥青底漆一道, 面漆两道。
7. 本图适应于土质岸坡情况, 当岸坡为岩质边坡时, 坡面整平后钢架可直接锚固于岩石上。
8. 其他未尽事宜参照相关规范执行。

泵房平面布置图

0　0.5　1m

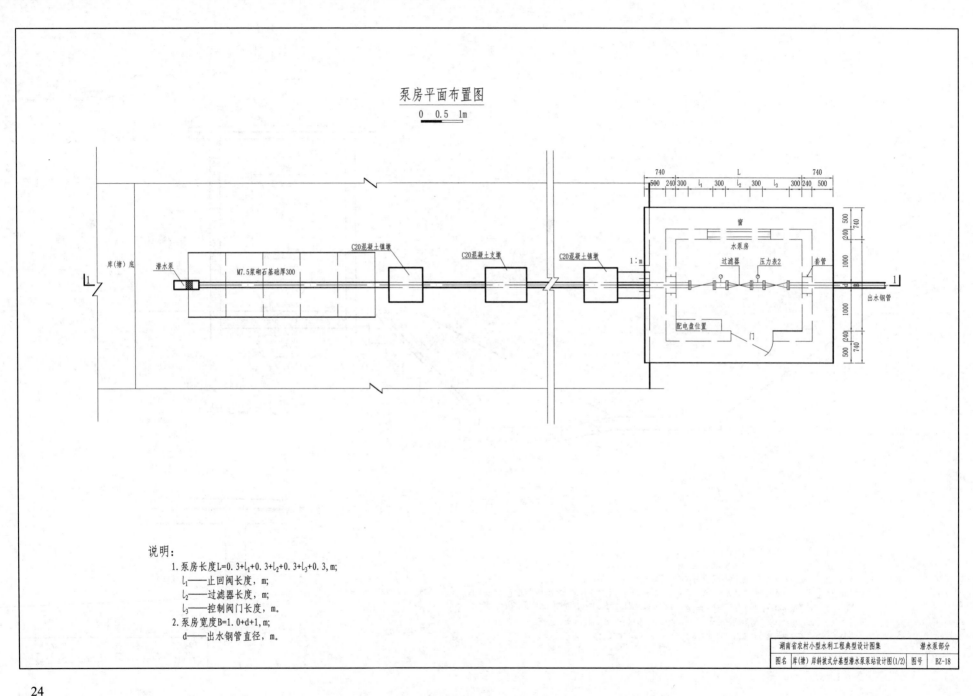

说明:

1. 泵房长度L=0.3+l_1+0.3+l_2+0.3+l_3+0.3, m;

l_1——止回阀长度, m;

l_2——过滤器长度, m;

l_3——控制阀门长度, m.

2. 泵房宽度B=1.0+d+1, m;

d——出水钢管直径, m.

湖南省农村小型水利工程典型设计图集		潜水泵部分
图名	库(塘)岸斜坡式分基型潜水泵泵站设计图(1/2)	图号	BZ-18

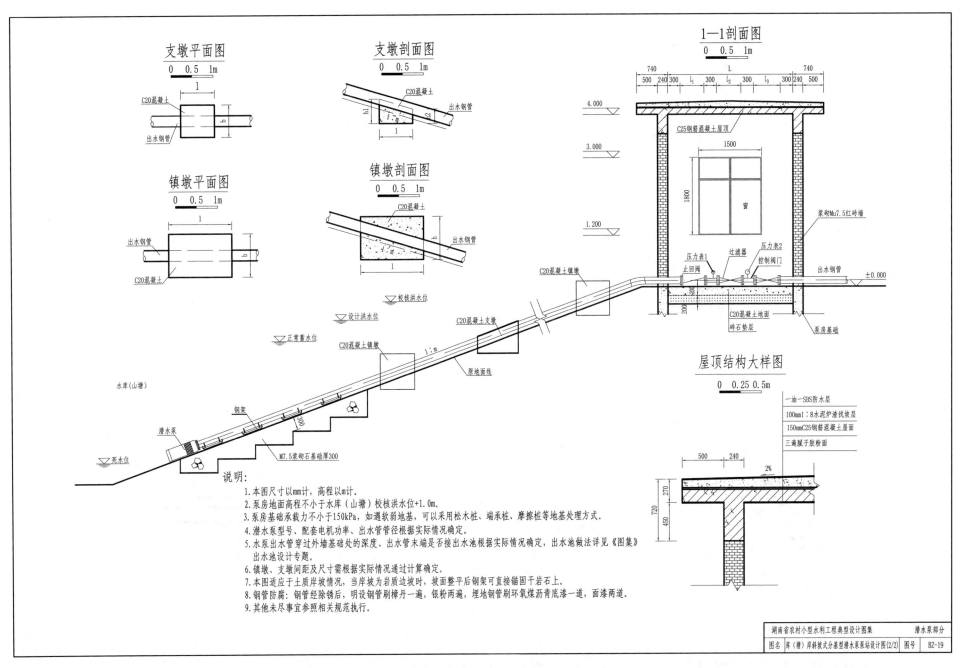

支墩平面图

0 0.5 1m

C20混凝土

出水钢管

支墩剖面图

0 0.5 1m

C20混凝土

出水钢管

镇墩平面图

0 0.5 1m

出水钢管

C20混凝土

镇墩剖面图

0 0.5 1m

C20混凝土

出水钢管

1—1剖面图

0 0.5 1m

740 L 740
500 240 300 | l₁ | 300 | L | 300 | l₃ | 300 240 500

4.000

3.000

1.200

C25钢筋混凝土屋顶

1500

1800

窗

浆砌Mu7.5红砖墙

压力表1 过滤器 压力表2

止回阀 控制阀门

出水钢管

±0.000

C20混凝土地面

碎石垫层

泵房基础

屋顶结构大样图

0 0.25 0.5m

一油一SBS防水层

100mm1:8水泥炉渣找坡层

150mmC25钢筋混凝土屋面

三遍腻子胶粉面

500 240

2%

270

720

450

校核洪水位

设计洪水位

C20混凝土镇墩

C20混凝土支墩

正常蓄水位

原地面线

1:m

C20混凝土镇墩

水库(山塘)

钢架

潜水泵

300

M7.5浆砌石基础厚300

死水位

说明：
1.本图尺寸以mm计，高程以m计。
2.泵房地面高程不小于水库（山塘）校核洪水位+1.0m。
3.泵房基础承载力不小于150kPa，如遇软弱地基，可以采用松木桩、端承桩、摩擦桩等地基处理方式。
4.潜水泵型号、配套电机功率、出水管管径根据实际情况确定。
5.水泵出水管穿过外墙基础处的深度、出水管末端是否接出水池根据实际情况确定，出水池做法详见《图集》
　出水池设计专题。
6.镇墩、支墩间距及尺寸需根据实际情况通过计算确定。
7.本图适应于土质岸坡情况，当岸坡为岩质边坡时，坡面整平后钢架可直接锚固于岩石上。
8.钢管防腐：钢管经除锈后，明设钢管刷樟丹一遍，银粉两遍，埋地钢管刷环氧煤沥青底漆一道，面漆两道。
9.其他未尽事宜参照相关规范执行。

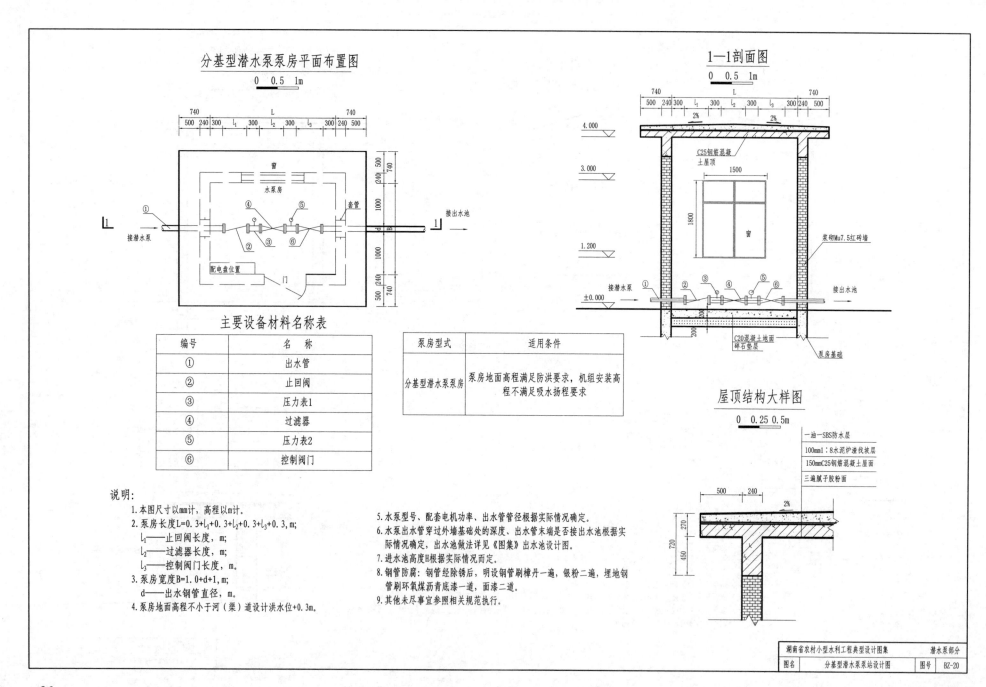

分基型潜水泵泵房平面布置图

0 0.5 1m

窗
水泵房
套管
接出水池
接潜水泵
配电盘位置
门

主要设备材料名称表

编号	名　称
①	出水管
②	止回阀
③	压力表1
④	过滤器
⑤	压力表2
⑥	控制阀门

泵房型式	适用条件
分基型潜水泵泵房	泵房地面高程满足防洪要求，机组安装高程不满足吸水扬程要求

1—1剖面图

0 0.5 1m

C25钢筋混凝土屋顶
浆砌Mu7.5红砖墙
窗
接潜水泵
接出水池
C20混凝土地面碎石垫层
泵房基础

屋顶结构大样图

0 0.25 0.5m

一油一SBS防水层
100mm1：8水泥炉渣找坡层
150mmC25钢筋混凝土屋面
三遍腻子胶粉面

说明：
1. 本图尺寸以mm计，高程以m计。
2. 泵房长度$L=0.3+l_1+0.3+l_2+0.3+l_3+0.3$，m；
   l_1——止回阀长度，m；
   l_2——过滤器长度，m；
   l_3——控制阀门长度，m。
3. 泵房宽度$B=1.0+d+1$，m；
   d——出水钢管直径，m。
4. 泵房地面高程不小于河（渠）道设计洪水位+0.3m。

5. 水泵型号、配套电机功率、出水管管径根据实际情况确定。
6. 水泵出水管穿过外墙基础处的深度、出水管末端是否接出水池根据实际情况确定，出水池做法详见《图集》出水池设计图。
7. 进水池高度H根据实际情况而定。
8. 钢管防腐：钢管经除锈后，明设钢管刷樟丹一遍，银粉二遍，埋地钢管刷环氧煤沥青底漆一道，面漆二道。
9. 其他未尽事宜参照相关规范执行。

湖南省农村小型水利工程典型设计图集		潜水泵部分
图名	分基型潜水泵泵站设计图	图号 BZ-20

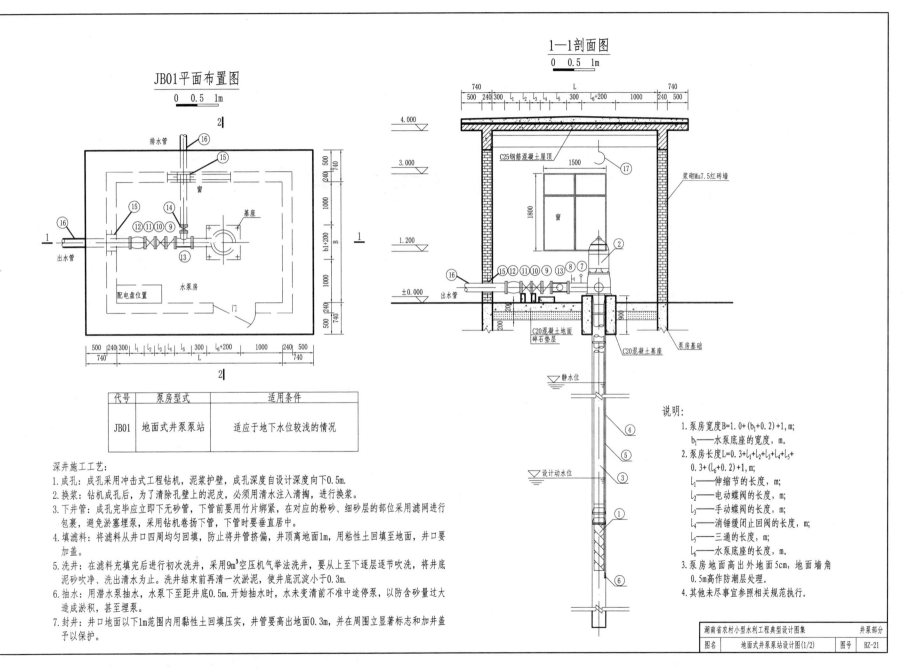

JB01平面布置图

0   0.5   1m

代号	泵房型式	适用条件
JB01	地面式井泵泵站	适应于地下水位较浅的情况

深井施工工艺:
1. 成孔: 成孔采用冲击式工程钻机, 泥浆护壁, 成孔深度自设计深度向下0.5m.
2. 换浆: 钻机成孔后, 为了清除孔壁上的泥皮, 必须用清水注入清掏, 进行换浆.
3. 下井管: 成孔完毕后应立即下无砂管, 下管前要用竹片绑紧, 在对应的粉砂、细砂层的部位采用滤网进行包裹, 避免淤塞埋泵, 采用钻机卷扬下管, 下管时要垂直居中.
4. 填滤料: 将滤料从井口四周均匀回填, 防止将井管挤偏, 井顶离地面1m, 用粘性土回填至地面, 井口要加盖.
5. 洗井: 在滤料充填完后进行初次洗井, 采用9m³空压机气举法洗井, 要从上至下逐层逐节吹洗, 将井底泥砂吹净、洗出清水为止. 洗井结束前再清一次淤泥, 使井底沉淀小于0.3m.
6. 抽水: 用潜水泵抽水, 水泵下至距井底0.5m. 开始抽水时, 水未变清前不准中途停泵, 以防含砂量过大造成淤积, 甚至埋泵.
7. 封井: 井口地面以下1m范围内用黏性土回填压实, 井管要高出地面0.3m, 并在周围立显著标志和加井盖予以保护.

1—1剖面图

0   0.5   1m

说明:
1. 泵房宽度B=1.0+(b₁+0.2)+1, m;
   b₁——水泵底座的宽度, m.
2. 泵房长度L=0.3+l₁+l₂+l₃+l₄+l₅+0.3+(l₆+0.2)+1, m;
   l₁——伸缩节的长度, m;
   l₂——电动蝶阀的长度, m;
   l₃——手动蝶阀的长度, m;
   l₄——消锤缓闭止回阀的长度, m;
   l₅——三通的长度, m;
   l₆——水泵底座的长度, m.
3. 泵房地面高出外地面5cm, 地面墙角0.5m高作防潮层处理.
4. 其他未尽事宜参照相关规范执行.

湖南省农村小型水利工程典型设计图集		井泵部分
图名	地面式井泵泵站设计图(1/2)	图号	BZ-21

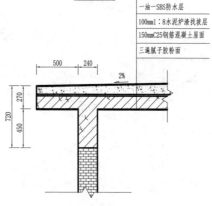

2—2剖面图

0 0.5 1m

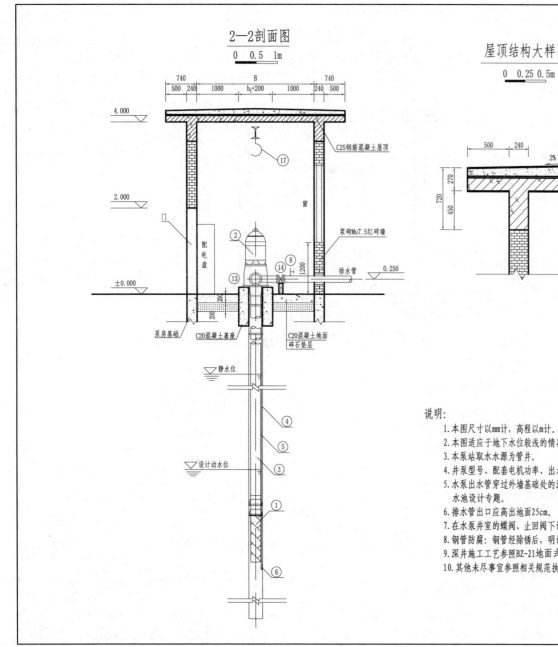

屋顶结构大样图

0 0.25 0.5m

一油一SBS防水层
100mm1:8水泥炉渣找坡层
150mmC25钢筋混凝土屋面
三遍腻子胶粉面

2%

主要设备材料名称表

编号	名 称	编号	名 称
①	井泵	⑩	手动蝶阀
②	电动机	⑪	电动蝶阀
③	输水管	⑫	伸缩节
④	井壁管	⑬	三通
⑤	液压传感器电缆	⑭	手动蝶阀
⑥	液位传感器	⑮	套管
⑦	排气阀	⑯	钢管
⑧	压力传感器	⑰	手拉葫芦
⑨	消锤缓闭止回阀		

说明:
1. 本图尺寸以mm计,高程以m计。
2. 本图适应于地下水位较浅的情况。
3. 本泵站取水水源为管井。
4. 井泵型号、配套电机功率、出水管管径、排水管管径根据实际情况确定。
5. 水泵出水管穿过外墙基础处的深度、出水管末端是否接出水池根据实际情况确定,出水池做法详见《图集》出水池设计专题。
6. 排水管出口应高出地面25cm。
7. 在水泵井室的蝶阀、止回阀下设砖支墩;水源井的静水位、动水位应进行成井实际抽水试验确定。
8. 钢管防腐:钢管经除锈后,明设钢管刷樟丹一遍,银粉二遍,埋地钢管刷环氧煤沥青底漆一道,面漆二道。
9. 深井施工工艺参照BZ-21地面式井泵泵站设计图(1/2)。
10. 其他未尽事宜参照相关规范执行。

湖南省农村小型水利工程典型设计图集		井泵部分	
图名	地面式井泵泵站设计图(2/2)	图号	BZ-22

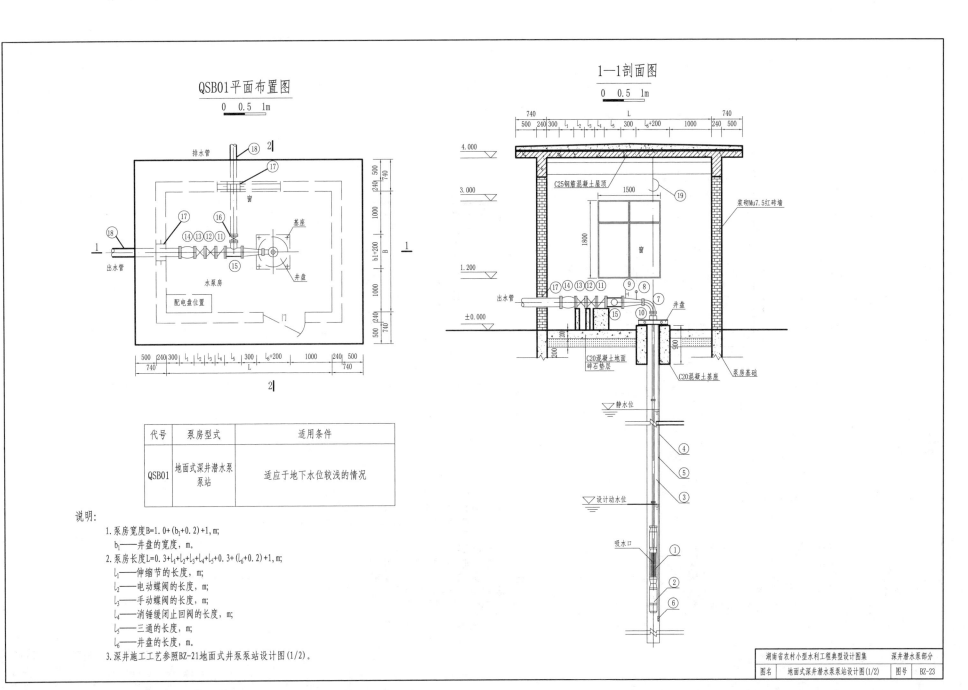

QSB01平面布置图

0 0.5 1m

排水管

出水管

水泵房

配电盘位置

门

1—1剖面图

0 0.5 1m

C25钢筋混凝土屋顶

浆砌Mu7.5红砖墙

窗

出水管

井盘

C20混凝土地面
碎石垫层

C20混凝土基座

泵房基础

静水位

设计动水位

吸水口

代号	泵房型式	适用条件
QSB01	地面式深井潜水泵泵站	适应于地下水位较浅的情况

说明:

1. 泵房宽度B=1.0+(b$_1$+0.2)+1, m;
   b$_1$——井盘的宽度, m。

2. 泵房长度L=0.3+l$_1$+l$_2$+l$_3$+l$_4$+l$_5$+0.3+(l$_6$+0.2)+1, m;
   l$_1$——伸缩节的长度, m;
   l$_2$——电动蝶阀的长度, m;
   l$_3$——手动蝶阀的长度, m;
   l$_4$——消锤缓闭止回阀的长度, m;
   l$_5$——三通的长度, m;
   l$_6$——井盘的长度, m。

3. 深井施工工艺参照BZ-21地面式井泵泵站设计图(1/2)。

湖南省农村小型水利工程典型设计图集 　深井潜水泵部分

图名	地面式深井潜水泵泵站设计图(1/2)	图号	BZ-23

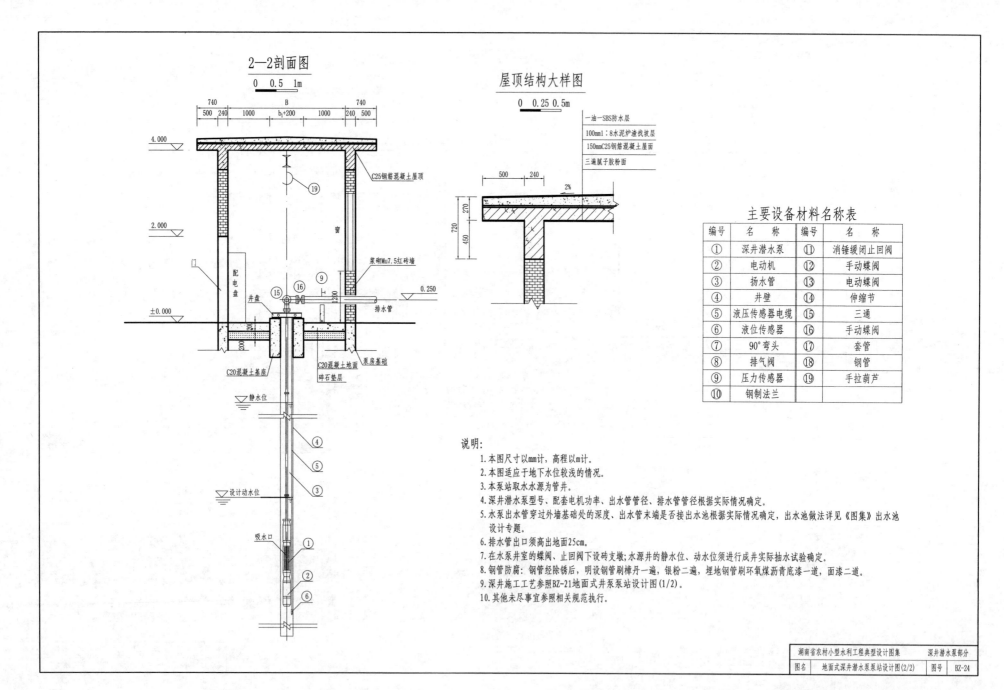

2—2剖面图

0   0.5   1m

4.000

2.000

±0.000

0.250

C25钢筋混凝土屋顶

浆砌Mu7.5红砖墙

排水管

配电盘

井盖

C20混凝土地面
碎石垫层

C20混凝土基座

泵房基础

静水位

设计动水位

吸水口

⑲
⑯
⑮
⑨
①
④
⑤
③
⑦
⑧
⑥

屋顶结构大样图

0   0.25 0.5m

一油一SBS防水层
100mm1：8水泥炉渣找坡层
150mmC25钢筋混凝土屋面
三遍腻子胶粉面

2%

500   240

720
270
450

主要设备材料名称表

编号	名 称	编号	名 称
①	深井潜水泵	⑪	消锤缓闭止回阀
②	电动机	⑫	手动蝶阀
③	扬水管	⑬	电动蝶阀
④	井壁	⑭	伸缩节
⑤	液压传感器电缆	⑮	三通
⑥	液位传感器	⑯	手动蝶阀
⑦	90°弯头	⑰	套管
⑧	排气阀	⑱	钢管
⑨	压力传感器	⑲	手拉葫芦
⑩	钢制法兰		

说明：
1. 本图尺寸以mm计，高程以m计。
2. 本图适应于地下水位较浅的情况。
3. 本泵站取水水源为管井。
4. 深井潜水泵型号、配套电机功率、出水管管径、排水管管径根据实际情况确定。
5. 水泵出水管穿过外墙基础处的深度、出水管末端是否接出水池根据实际情况确定，出水池做法详见《图集》出水池设计专题。
6. 排水管出口须高出地面25cm。
7. 在水泵井室的蝶阀、止回阀下设砖支墩；水源井的静水位、动水位须进行成井实际抽水试验确定。
8. 钢管防腐：钢管经除锈后，明设钢管刷樟丹一遍，银粉二遍，埋地钢管刷环氧煤沥青底漆一道，面漆二道。
9. 深井施工工艺参照BZ-21地面式井泵泵站设计图(1/2)。
10. 其他未尽事宜参照相关规范执行。

湖南省农村小型水利工程典型设计图集	深井潜水泵部分
图名 地面式深井潜水泵泵站设计图(2/2)	图号 BZ-24

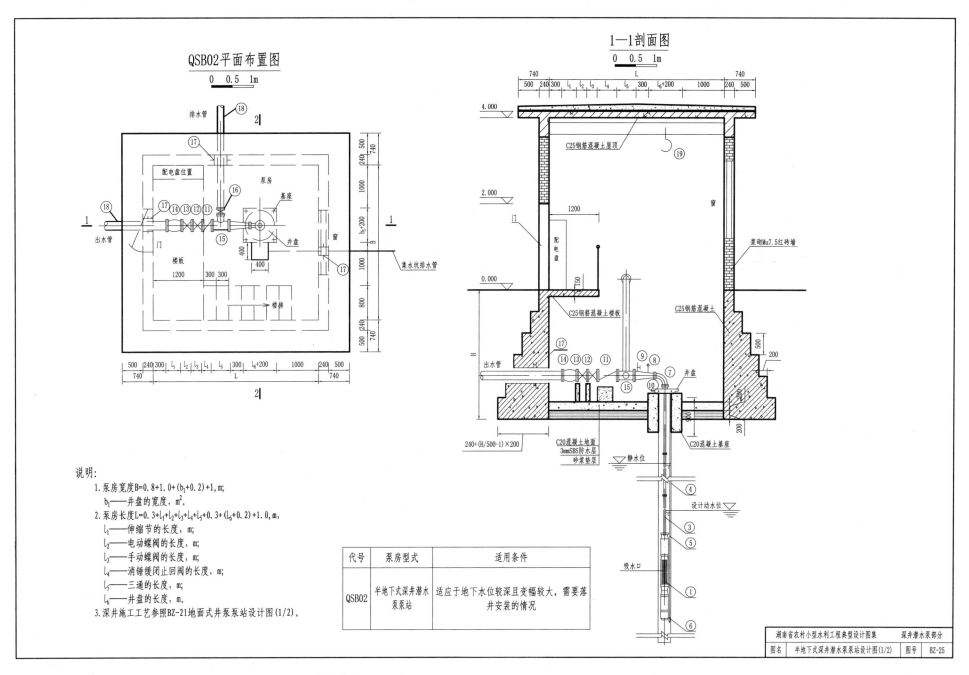

QSB02平面布置图

说明:
1. 泵房宽度B=0.8+1.0+(b₁+0.2)+1, m;
   b₁——井盘的宽度, m²。
2. 泵房长度L=0.3+l₁+l₂+l₃+l₄+l₅+0.3+(l₆+0.2)+1.0, m,
   l₁——伸缩节的长度, m;
   l₂——电动蝶阀的长度, m;
   l₃——手动蝶阀的长度, m;
   l₄——消锤缓闭止回阀的长度, m;
   l₅——三通的长度, m;
   l₆——井盘的长度, m。
3. 深井施工工艺参照BZ-21地面式井泵泵站设计图(1/2)。

1—1剖面图

代号	泵房型式	适用条件
QSB02	半地下式深井潜水泵泵站	适应于地下水位较深且变幅较大，需要落井安装的情况

2—2剖面图

0 0.5 1m

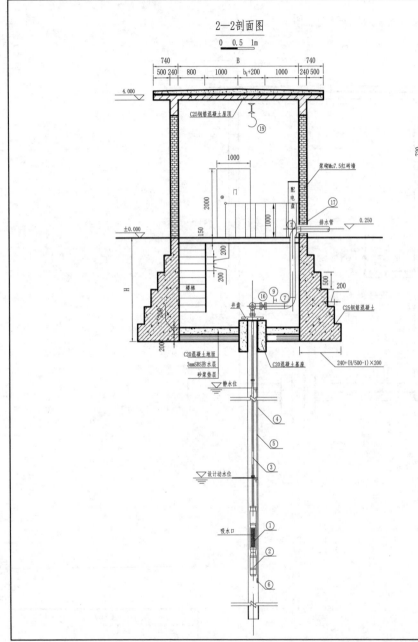

屋顶结构大样图

0 0.25 0.5m

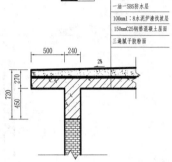

一油一SBS防水层
100mm1:8水泥炉渣找坡层
150mmC25钢筋混凝土屋面
三遍腻子胶粉面

主要设备材料名称表

编号	名　　称	编号	名　　称
①	深井潜水泵	⑪	消锤缓闭止回阀
②	电动机	⑫	手动蝶阀
③	扬水管	⑬	电动蝶阀
④	井壁	⑭	伸缩节
⑤	液压传感器电缆	⑮	三通
⑥	液位传感器	⑯	手动蝶阀
⑦	90°弯头	⑰	套管
⑧	排气阀	⑱	钢管
⑨	压力传感器	⑲	手拉葫芦
⑩	钢制法兰		

说明:
1. 本图尺寸以mm计,高程以m计。
2. 本图适应于地下水位较深且变幅较大,需要落井安装的情况。
3. 本泵站取水水源为管井。
4. 地下泵房:墙面为水泥砂浆抹面,地面向集水井方向倾斜,地面坡降i=0.01,室内集
   水井b×L=400×400,底部用ϕ25镀锌管(预埋在墙体内)排出室外。
5. 地下部分外墙壁防水作法采用一层SBS(3mm)防水。
6. 泵房地下部分墙体采用C25钢筋混凝土结构,墙体高度H视具体情况而定。
7. 泵房基础承载力不小于150kPa,如遇软弱地基,可以采用松木桩、端承桩、摩擦桩
   等地基处理方式。
8. 深井潜水泵型号、配套电机功率、出水管管径、排水管管径根据实际情况确定。
9. 水泵出水管穿过外墙基础处的深度、出水管末端是否接出水池根据实际情况确定,
   出水池做法详见《图集》出水池设计专题。
10. 排水管出口须高出地面25cm。
11. 在水泵房室的蝶阀、止回阀下设砖支墩;水源井的静水位、动水位须进行成井实际
    抽水试验确定。
12. 钢管防腐:钢管经除锈后,明设钢管刷樟丹一遍,银粉二遍,埋地钢管刷环氧煤沥
    青底漆一道,面漆二道。
13. 地下水条件:地下水位考虑在泵房底板垫层以下。
14. 深井施工工艺参照BZ-21地面式井泵泵站设计图(1/2)。
15. 其他未尽事宜参照相关规范执行。

湖南省农村小型水利工程典型设计图集		深井潜水泵部分
图名	半地下式深井潜水泵泵站设计图(2/2)	图号 BZ-26

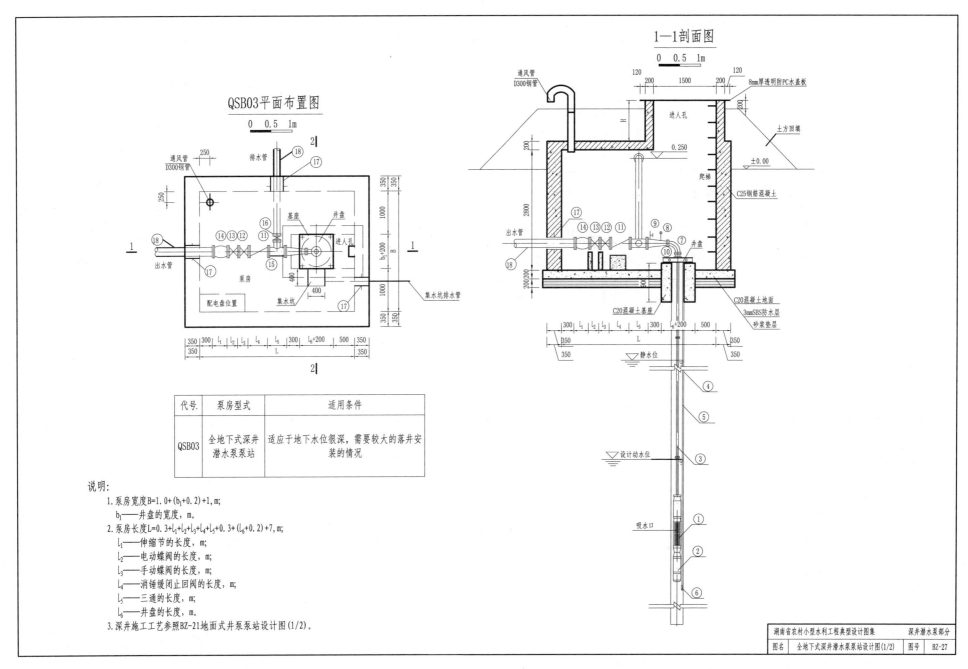

QSB03平面布置图

0　0.5　1m

通风管 D300钢管

排水管

基座

井盘

泵房

进人孔

集水坑

配电盘位置

集水坑排水管

出水管

代号.	泵房型式	适用条件
QSB03	全地下式深井潜水泵泵站	适应于地下水位很深，需要较大的落井安装的情况

1—1剖面图

0　0.5　1m

通风管 D300钢管

8mm厚透明防PC水盖板

进人孔

土方回填

爬梯

C25钢筋混凝土

出水管

井盘

C20混凝土地面

C20混凝土基座

3mmSBS防水层

砂浆垫层

静水位

设计动水位

吸水口

说明:
1. 泵房宽度 $B=1.0+(b_1+0.2)+1$，m;
   b_1——井盘的宽度，m。
2. 泵房长度 $L=0.3+l_1+l_2+l_3+l_4+l_5+0.3+(l_6+0.2)+7$，m;
   l_1——伸缩节的长度，m;
   l_2——电动蝶阀的长度，m;
   l_3——手动蝶阀的长度，m;
   l_4——消锤缓闭止回阀的长度，m;
   l_5——三通的长度，m;
   l_6——井盘的长度，m。
3. 深井施工工艺参照BZ-21地面式井泵泵站设计图(1/2)。

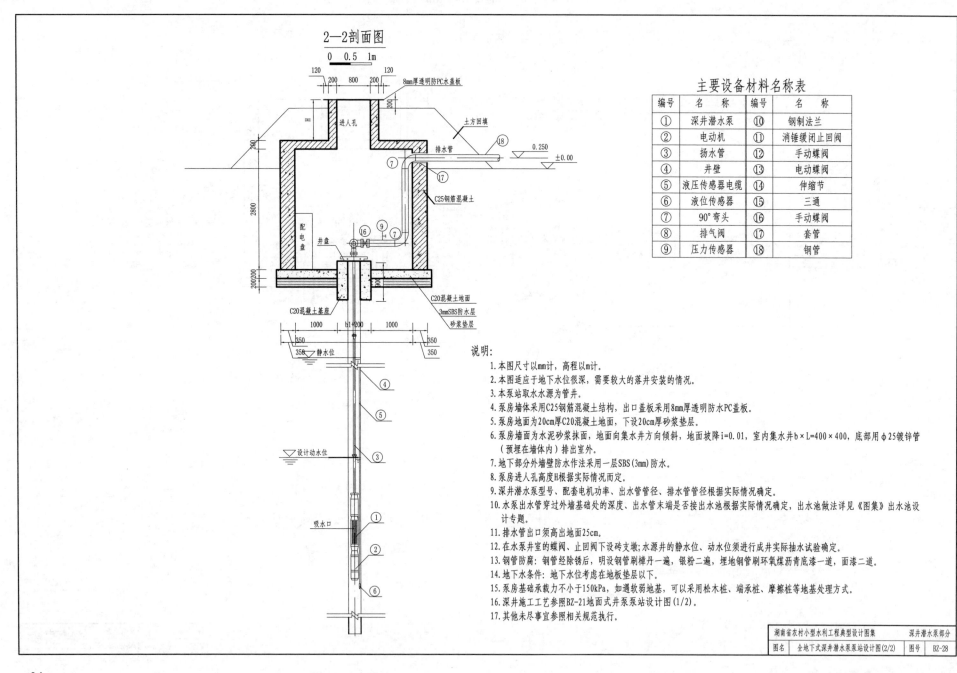

2—2剖面图

0 0.5 1m

8mm厚透明防PC水盖板

进人孔

土方回填

排水管

C25钢筋混凝土

配电盘

井盖

C20混凝土地面
3mmSBS防水层
砂浆垫层

C20混凝土基座

静水位

设计动水位

吸水口

主要设备材料名称表

编号	名　称	编号	名　称
①	深井潜水泵	⑩	钢制法兰
②	电动机	⑪	消锤缓闭止回阀
③	扬水管	⑫	手动蝶阀
④	井壁	⑬	电动蝶阀
⑤	液压传感器电缆	⑭	伸缩节
⑥	液位传感器	⑮	三通
⑦	90°弯头	⑯	手动蝶阀
⑧	排气阀	⑰	套管
⑨	压力传感器	⑱	钢管

说明:

1. 本图尺寸以mm计,高程以m计。
2. 本图适应于地下水位很深,需要较大的落井安装的情况。
3. 本泵站取水水源为管井。
4. 泵房墙体采用C25钢筋混凝土结构,出口盖板采用8mm厚透明防水PC盖板。
5. 泵房地面为20cm厚C20混凝土地面,下设20cm厚砂浆垫层。
6. 泵房墙面为水泥砂浆抹面,地面向集水井方向倾斜,地面坡降i=0.01,室内集水井b×L=400×400,底部用φ25镀锌管(预埋在墙体内)排出室外。
7. 地下部分外墙壁防水作法采用一层SBS(3mm)防水。
8. 泵房进人孔高度H根据实际情况而定。
9. 深井潜水泵型号、配套电机功率、出水管管径、排水管管径根据实际情况确定。
10. 水泵出水管穿过外墙基础处的深度、出水管末端是否接出水池根据实际情况确定,出水池做法详见《图集》出水池设计专题。
11. 排水管出口须高出地面25cm。
12. 在水泵井室的蝶阀、止回阀下设砖支墩;水源井的静水位、动水位须进行成井实际抽水试验确定。
13. 钢管防腐:钢管经除锈后,明设钢管刷樟丹一遍,银粉二遍,埋地钢管刷环氧煤沥青底漆一道,面漆二道。
14. 地下水条件:地下水位考虑在地板垫层以下。
15. 泵房基础承载力不小于150kPa,如遇软弱地基,可以采用松木桩、端承桩、摩擦桩等地基处理方式。
16. 深井施工工艺参照BZ-21地面式井泵泵站设计图(1/2)。
17. 其他未尽事宜参照相关规范执行。

湖南省农村小型水利工程典型设计图集		深井潜水泵部分	
图名	全地下式深井潜水泵泵站设计图(2/2)	图号	BZ-28

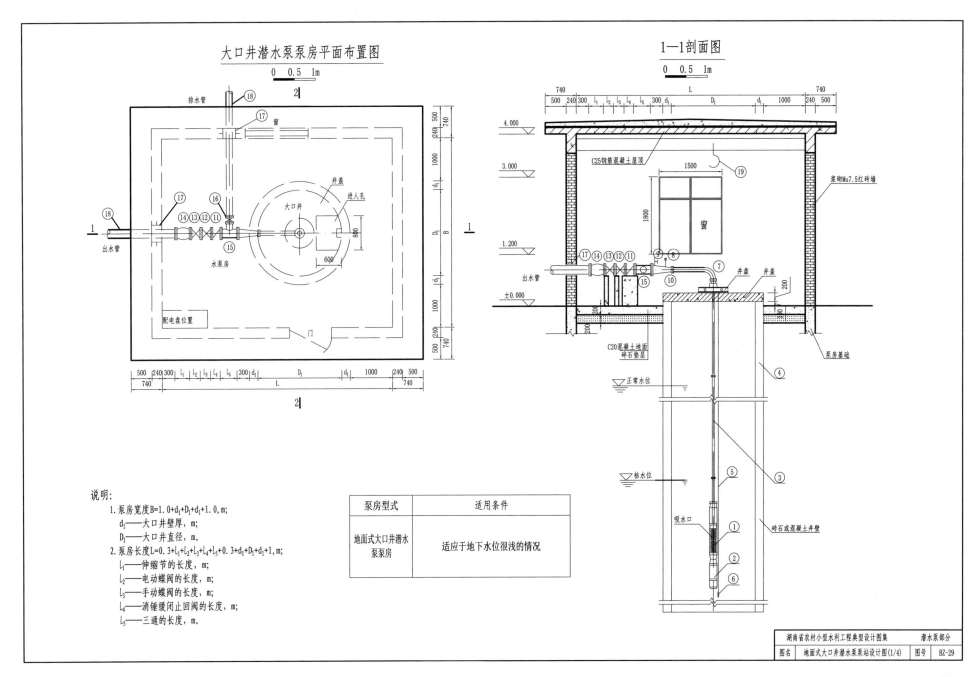

大口井潜水泵泵房平面布置图

0 0.5 1m

1—1剖面图

0 0.5 1m

说明：
1. 泵房宽度B=1.0+d₁+D₁+d₁+1.0, m;
    d₁——大口井壁厚, m;
    D₁——大口井直径, m。
2. 泵房长度L=0.3+l₁+l₂+l₃+l₄+l₅+0.3+d₁+D₁+d₁+1, m;
    l₁——伸缩节的长度, m;
    l₂——电动蝶阀的长度, m;
    l₃——手动蝶阀的长度, m;
    l₄——消锤缓闭止回阀的长度, m;
    l₅——三通的长度, m。

泵房型式	适用条件
地面式大口井潜水泵泵房	适应于地下水位很浅的情况

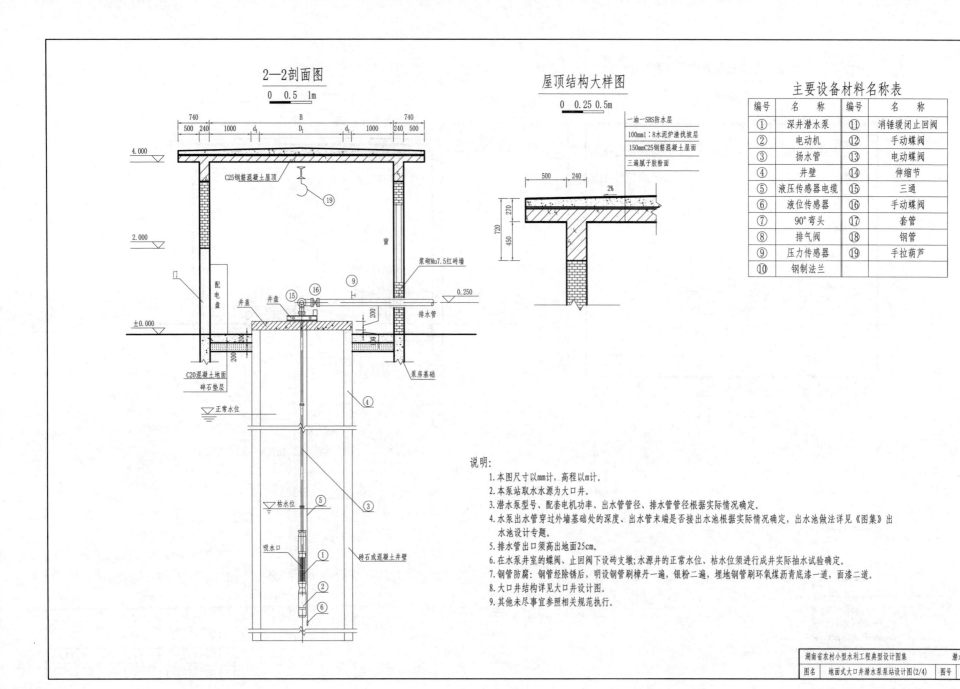

2—2剖面图

0 0.5 1m

C25钢筋混凝土屋顶

窗

浆砌Mu7.5红砖墙

配电盘

井盖 井盘

排水管

C20混凝土地面
碎石垫层

泵房基础

正常水位

枯水位

吸水口

砖石或混凝土井壁

屋顶结构大样图

0 0.25 0.5m

一油一SBS防水层
100mm1:8水泥炉渣找坡层
150mmC25钢筋混凝土屋面
三遍腻子胶粉面

2%

主要设备材料名称表

编号	名　称	编号	名　称
①	深井潜水泵	⑪	消锤缓闭止回阀
②	电动机	⑫	手动蝶阀
③	扬水管	⑬	电动蝶阀
④	井壁	⑭	伸缩节
⑤	液压传感器电缆	⑮	三通
⑥	液位传感器	⑯	手动蝶阀
⑦	90°弯头	⑰	套管
⑧	排气阀	⑱	钢管
⑨	压力传感器	⑲	手拉葫芦
⑩	钢制法兰		

说明:
1. 本图尺寸以mm计,高程以m计。
2. 本泵站取水水源为大口井。
3. 潜水泵型号、配套电机功率、出水管管径、排水管管径根据实际情况确定。
4. 水泵出水管穿过外墙基础处的深度、出水管末端是否接出水池根据实际情况确定,出水池做法详见《图集》出水池设计专题。
5. 排水管出口须高出地面25cm。
6. 在水泵井室的蝶阀、止回阀下设砖支墩;水源井的正常水位、枯水位须进行成井实际抽水试验确定。
7. 钢管防腐:钢管经除锈后,明设钢管刷樟丹一遍,银粉二遍,埋地钢管刷环氧煤沥青底漆一道,面漆二道。
8. 大口井结构详见大口井设计图。
9. 其他未尽事宜参照相关规范执行。

湖南省农村小型水利工程典型设计图集		潜水泵部分
图名	地面式大口井潜水泵泵站设计图(2/4)	图号	BZ-30

管井结构图

```
0  0.1  0.2m
```

图中标注：
- 井盘或井泵底座
- C20混凝土基座
- 地面
- 100
- 实管
- 封井泥球
- 静水位
- 无砂混凝土管
- 滤料
- 孔边线
- 动水位
- 潜水泵
- 封井泥球
- 沉淀管
- h_1、h_2、h_3、H
- d_2、d_1、D_1、d_1、d_2、D_2

1. 沉井施工程序

平整场地——测量放线——开挖基坑——铺砂垫层和垫木或砌刃角砖座——沉井制作——布设降水井点或挖排水沟，集水井——抽出垫木——封底——浇筑底板混凝土——施工内隔墙梁板顶板及辅助设施。

2. 地基处理和筑岛

在松软地基上进行沉井制作，应先对地基进行处理，以防止由于地基不均匀沉降引起井身裂缝。处理方法，一般采用砂、砂砾碎石灰土垫层，用打夯机夯实或机械碾压等措施使密实。

3. 下沉挖土方法

采用人工或风动工具，或在井内用小型反铲挖土机，在地面用挖土机分层开挖。挖土必须对称、均匀地进行，刃脚部位采用跳槽破土，是沉井均匀地下沉。

4. 下沉注意事项

①沉井下沉位置的正确与否，其一节、二节要占70%，开始5m以内，要特别注意保持平面位置与垂直度的正确，以免继续下沉的不易调整。

②为减少下沉的摩阻力和以后的清淤工作，最好在沉井的外壁随下沉随填砂的方法，以减轻下沉困难。

③挖土应分层进行，防止锅底挖的太深，或任教挖得太快一方突沉伤人。再挖土时，刃脚处、隔墙下不准有人操作或穿行，以避免刃脚处切土过快伤人。

④在沉井开始下沉和将沉至设计标高时，周边开挖深度应小于30cm或更薄一些，避免发生倾斜。在离设计标高20cm左右应停止取土，以自重下沉至设计标高。

⑤井下操作人员应戴安全帽、穿胶鞋、防水衣裤；应有备用电源；潜水泵应配装触电保安器。

5. 沉井封底

当沉井下沉到距设计高0.1m时，应停止井内挖土和抽水，使其靠自重下沉至设计或接近设计标高，在经2～3d下沉稳定，或经观测在8h内累计下沉量不大于10mm时，即可进行沉井封底。

说明：

1. 本图尺寸以mm计，高程以m计。

2. 管井采用回转钻机或冲击钻机成孔。

3. 实管铺设深度h_1、无砂混凝土管铺设深度h_2、沉淀管铺设深度h_3根据实际情况确定。

4. 其他未尽事宜参照相关规范执行。

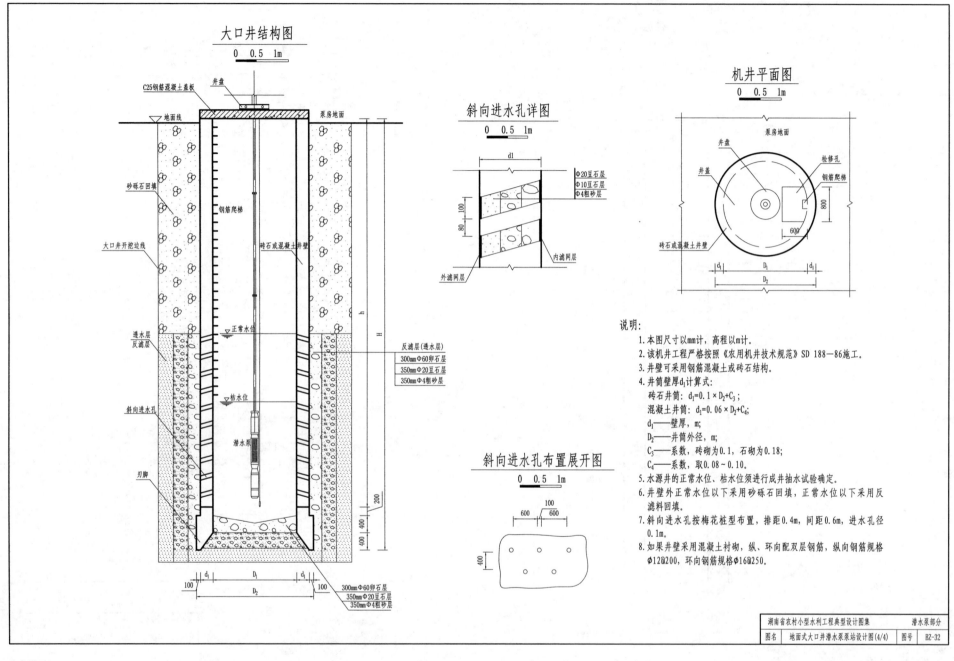

大口井结构图

0   0.5   1m

C25钢筋混凝土盖板
井盘
泵房地面
地面线

砂砾石回填
钢筋爬梯
大口井开挖边线
砖石或混凝土井壁
透水层 反滤层
反滤层
正常水位

反滤层(透水层)
300mmΦ60卵石层
350mmΦ20豆石层
350mmΦ4粗砂层

斜向进水孔
枯水位
潜水泵
刃脚

300mmΦ60卵石层
350mmΦ20豆石层
350mmΦ4粗砂层

斜向进水孔详图

0   0.5   1m

Φ20豆石层
Φ10豆石层
Φ4粗砂层
内滤网层
外滤网层

斜向进水孔布置展开图

0   0.5   1m

机井平面图

0   0.5   1m

泵房地面
井盘
检修孔
钢筋爬梯
井盖
砖石或混凝土井壁

说明:

1. 本图尺寸以mm计,高程以m计。
2. 该机井工程严格按照《农用机井技术规范》SD 188—86施工。
3. 井壁可采用钢筋混凝土或砖石结构。
4. 井筒壁厚d_1计算式:
   砖石井筒: $d_1=0.1×D_2+C_3$;
   混凝土井筒: $d_1=0.06×D_2+C_4$;
   d_1——壁厚,m;
   D_2——井筒外径,m;
   C_3——系数,砖砌为0.1,石砌为0.18;
   C_4——系数,取0.08～0.10。
5. 水源井的正常水位、枯水位须进行成井抽水试验确定。
6. 井壁外正常水位以下采用砂砾石回填,正常水位以下采用反滤料回填。
7. 斜向进水孔按梅花桩型布置,排距0.4m,间距0.6m,进水孔径0.1m。
8. 如果井壁采用混凝土衬砌,纵、环向配双层钢筋,纵向钢筋规格φ12@200,环向钢筋规格φ16@250。

湖南省农村小型水利工程典型设计图集		潜水泵部分
图名	地面式大口井潜水泵泵站设计图(4/4)	图号	BZ-32

38

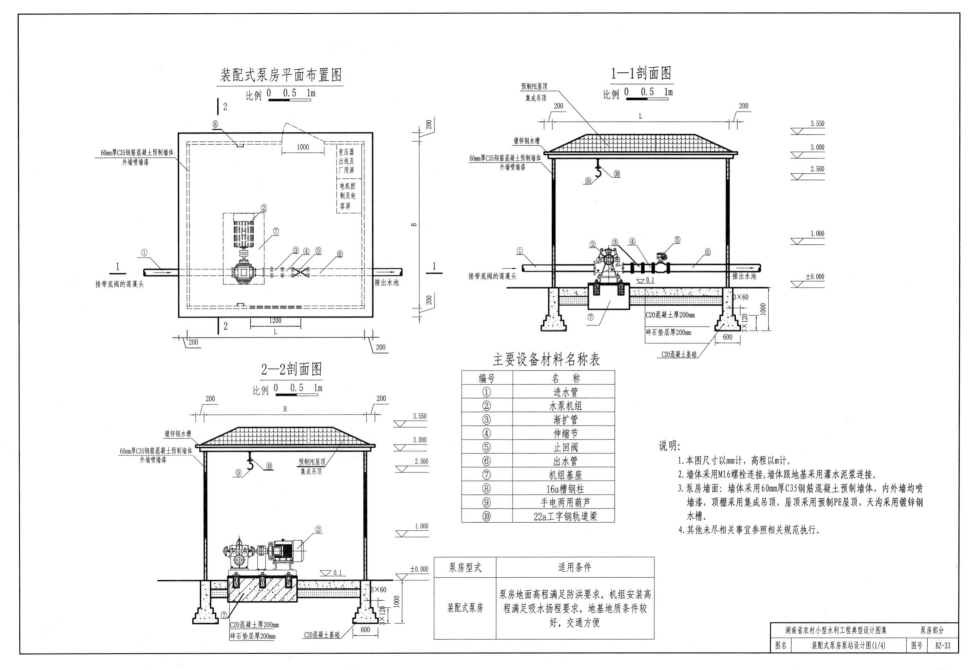

装配式泵房平面布置图
比例 0 0.5 1m

1—1剖面图
比例 0 0.5 1m

2—2剖面图
比例 0 0.5 1m

主要设备材料名称表

编号	名　称
①	进水管
②	水泵机组
③	渐扩管
④	伸缩节
⑤	止回阀
⑥	出水管
⑦	机组基座
⑧	16a槽钢柱
⑨	手电两用葫芦
⑩	22a工字钢轨道梁

说明:
1. 本图尺寸以mm计,高程以m计。
2. 墙体采用M16螺栓连接,墙体跟地基采用灌水泥浆连接。
3. 泵房墙面:墙体采用60mm厚C35钢筋混凝土预制墙体,内外墙均喷墙漆,顶棚采用集成吊顶,屋顶采用预制PE屋顶,天沟采用镀锌钢水槽。
4. 其他未尽相关事宜参照相关规范执行。

泵房型式	适用条件
装配式泵房	泵房地面高程满足防洪要求,机组安装高程满足吸水扬程要求,地基地质条件较好,交通方便

湖南省农村小型水利工程典型设计图集		泵房部分	
图名	装配式泵房泵站设计图(1/4)	图号	BZ-33

泵房墙身构件一（前）
比例 0 0.5 1m

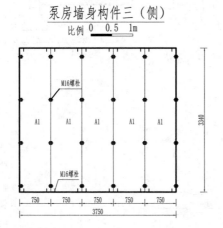

M16螺栓
A2
A1 A1 A1 A3
M16螺栓

1330
3340
2010

750 750 750 1020 950
4220

泵房墙身构件二（后）
比例 0 0.5 1m

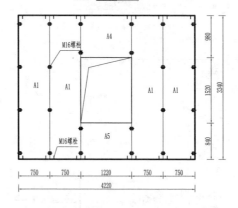

A4
M16螺栓
A1 A1 A1 A1
A5
M16螺栓

980
3340
1520
840

750 750 1220 750 750
4220

泵房墙身构件三（侧）
比例 0 0.5 1m

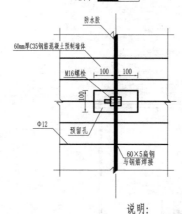

M16螺栓
A1 A1 A1 A1 A1
M16螺栓

3340

750 750 750 750 750
3750

墙体连接大样图
比例 0 0.1 0.2m

防水胶
60mm厚C35钢筋混凝土预制墙体
100 100
M16螺栓
100
Φ12
预留孔
60×5扁钢
与钢筋焊接

说明：
1. 本图尺寸以mm计，高程以m计。
2. 墙体连接部位采用M16螺栓连接，缝内采用防水胶防水。
3. 其他未尽相关事宜参照相关规范执行。

湖南省农村小型水利工程典型设计图集 | 泵房部分
图名 | 装配式泵房泵站设计图(2/4) | 图号 | BZ-34

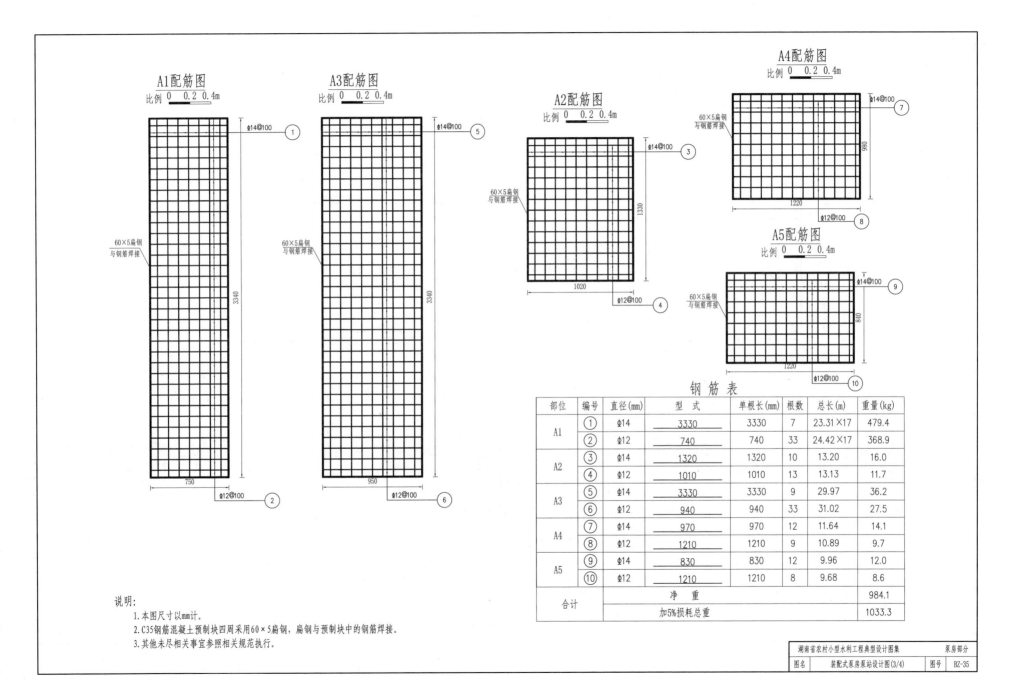

A1配筋图
比例 0 0.2 0.4m

A3配筋图
比例 0 0.2 0.4m

A2配筋图
比例 0 0.2 0.4m

A4配筋图
比例 0 0.2 0.4m

A5配筋图
比例 0 0.2 0.4m

Φ14@100 ①
60×5扁钢与钢筋焊接
3340
750
Φ12@100 ②

Φ14@100 ⑤
60×5扁钢与钢筋焊接
3340
950
Φ12@100 ⑥

Φ14@100 ③
60×5扁钢与钢筋焊接
1330
1020
Φ12@100 ④

60×5扁钢与钢筋焊接
Φ14@100 ⑦
980
1220
Φ12@100 ⑧

60×5扁钢与钢筋焊接
Φ14@100 ⑨
840
1220
Φ12@100 ⑩

钢 筋 表

部位	编号	直径(mm)	型 式	单根长(mm)	根数	总长(m)	重量(kg)
A1	①	Φ14	3330	3330	7	23.31×17	479.4
	②	Φ12	740	740	33	24.42×17	368.9
A2	③	Φ14	1320	1320	10	13.20	16.0
	④	Φ12	1010	1010	13	13.13	11.7
A3	⑤	Φ14	3330	3330	9	29.97	36.2
	⑥	Φ12	940	940	33	31.02	27.5
A4	⑦	Φ14	970	970	12	11.64	14.1
	⑧	Φ12	1210	1210	9	10.89	9.7
A5	⑨	Φ14	830	830	12	9.96	12.0
	⑩	Φ12	1210	1210	8	9.68	8.6
合计		净 重					984.1
		加5%损耗总重					1033.3

说明:
1.本图尺寸以mm计。
2.C35钢筋混凝土预制块四周采用60×5扁钢,扁钢与预制块中的钢筋焊接。
3.其他未尽相关事宜参照相关规范执行。

屋顶平面图
比例 0   0.5   1m

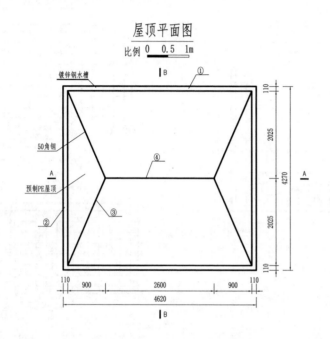

镀锌钢水槽

50角钢

预制PE屋顶

110
2025
4270
2025
110

110 900 2600 900 110
4620

A—A剖面图
比例 0   0.5   1m

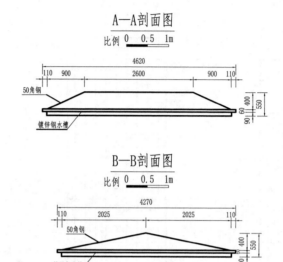

4620
110 900 2600 900 110

50角钢

镀锌钢水槽

400 550
60
90

B—B剖面图
比例 0   0.5   1m

4270
110 2025 2025 110

50角钢

镀锌钢水槽

400 550
90

各尺寸泵房构件数量表

编号	泵房尺寸（m）	预制钢筋混凝土墙体（块）					屋顶			
		A1	A2	A3	A4	A5	①	②	③	④
ZPBF01	4.22×3.87	17	1	1	1	1	4.62×2	4.27×2	2.25×4	2.20×1
ZPBF02	4.22×4.62	19	1	1	1	1	5.02×2	4.62×2	2.41×4	2.60×1
ZPBF03	4.97×3.87	19	1	1	1	1	5.37×2	4.27×2	2.25×4	2.95×1
ZPBF04	4.97×4.62	21	1	1	1	1	5.37×2	5.02×2	2.59×4	2.95×1
ZPBF05	5.72×3.87	21	1	1	1	1	6.12×2	4.27×2	2.25×4	3.70×1
ZPBF06	5.72×4.62	23	1	1	1	1	6.12×2	5.02×2	2.59×4	3.70×1
ZPBF07	5.72×5.37	25	1	1	1	1	6.12×2	5.77×2	2.94×4	3.70×1

DQQ01平面布置图

比例 0 0.5 1m

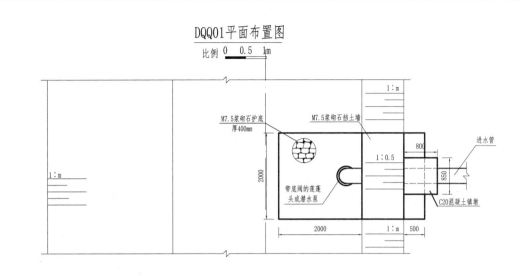

M7.5浆砌石护底
厚400mm

M7.5浆砌石挡土墙

进水管

C20混凝土镇墩

带底阀的莲蓬
头或潜水泵

2000

800

850

1：m

1：0.5

1：m

500

DQQ01剖面图

比例 0 0.5 1m

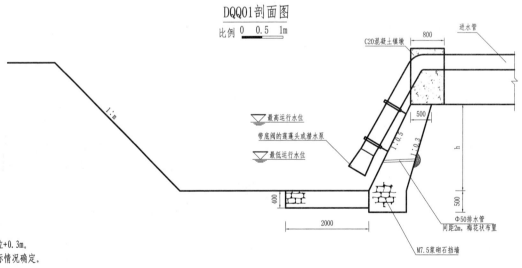

进水管

C20混凝土镇墩

800

最高运行水位

带底阀的莲蓬头或潜水泵

最低运行水位

500

1：0.5

1：0.3

h

500

Φ50排水管
间距2m，梅花状布置

M7.5浆砌石挡墙

400

2000

说明：
1.本图尺寸以mm计，高程以m计。
2.本图适用于分基型、干室型泵房。
3.泵房地面高程不小于河（渠）道设计洪水位+0.3m。
4.水泵出水管穿过外墙基础处的深度根据实际情况确定。
5.进水池高度H根据实际情况而定。
6.挡墙基础承载力不小于150kPa，挡墙高度h不大于4m，如遇软弱地基或高边坡，需另
  行设计。
7.其他未尽事宜参照相关规范执行。

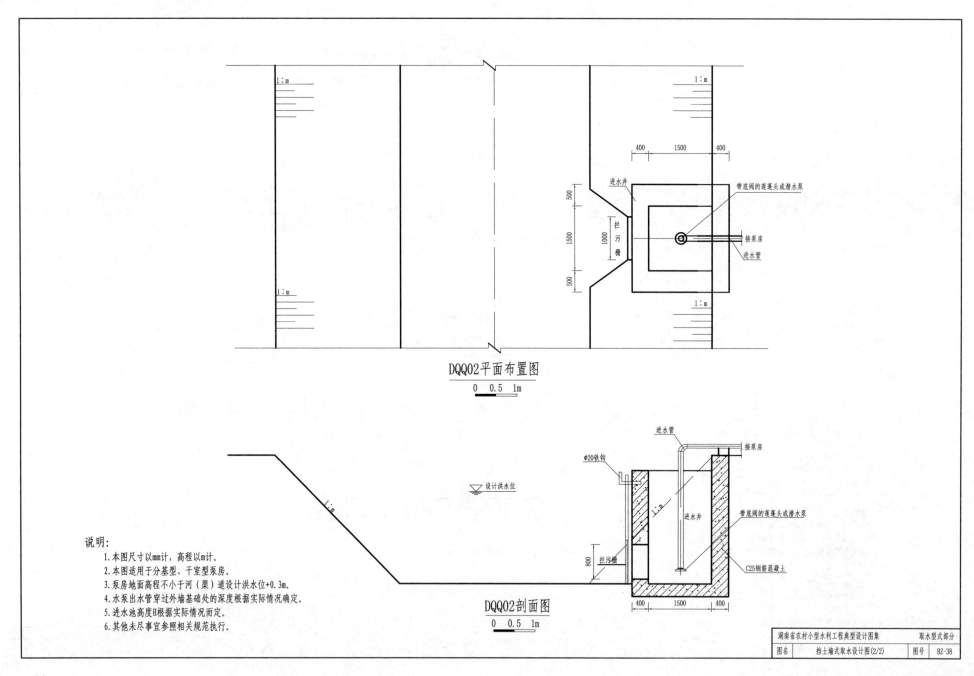

DQQ02平面布置图

0 0.5 1m

说明：
1. 本图尺寸以mm计，高程以m计。
2. 本图适用于分基型、干室型泵房。
3. 泵房地面高程不小于河（渠）道设计洪水位+0.3m。
4. 水泵出水管穿过外墙基础处的深度根据实际情况确定。
5. 进水池高度H根据实际情况而定。
6. 其他未尽事宜参照相关规范执行。

DQQ02剖面图

0 0.5 1m

湖南省农村小型水利工程典型设计图集		取水型式部分
图名	挡土墙式取水设计图(2/2)	图号	BZ-38

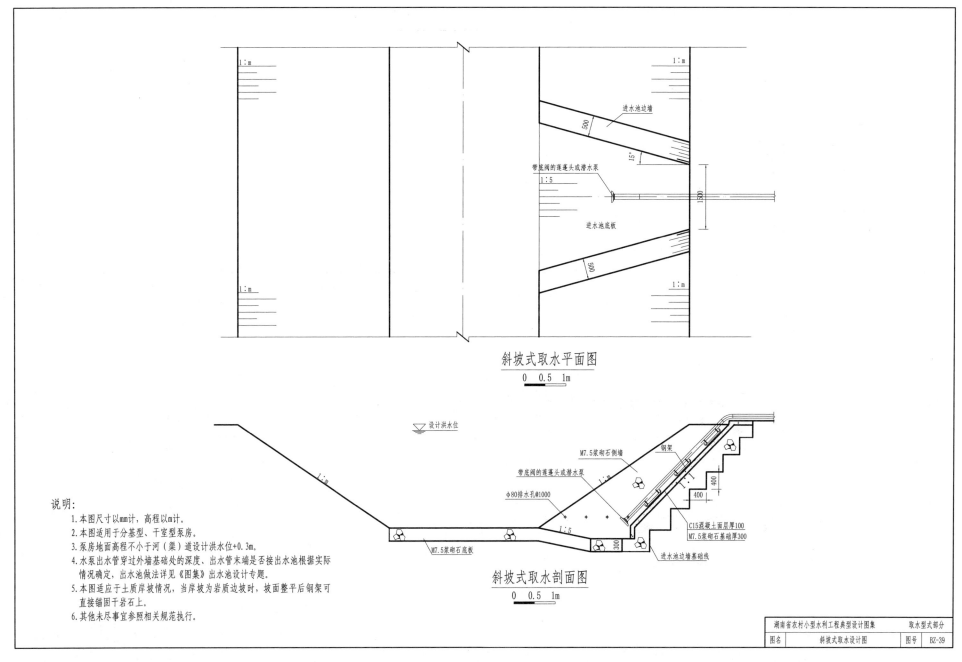

斜坡式取水平面图

0　0.5　1m

说明:
1. 本图尺寸以mm计, 高程以m计。
2. 本图适用于分基型、干室型泵房。
3. 泵房地面高程不小于河(渠)道设计洪水位+0.3m。
4. 水泵出水管穿过外墙基础处的深度、出水管末端是否接出水池根据实际情况确定, 出水池做法详见《图集》出水池设计专题。
5. 本图适应于土质岸坡情况, 当岸坡为岩质边坡时, 坡面整平后钢架可直接锚固于岩石上。
6. 其他未尽事宜参照相关规范执行。

斜坡式取水剖面图

0　0.5　1m

湖南省农村小型水利工程典型设计图集		取水型式部分
图名	斜坡式取水设计图	图号	BZ-39

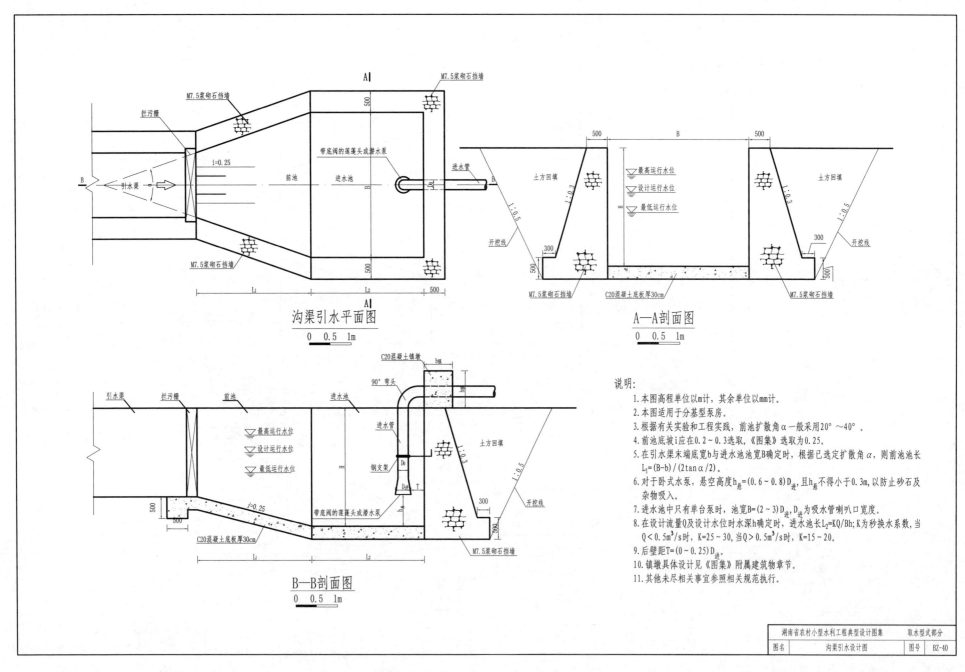

沟渠引水平面图

0 0.5 1m

A—A剖面图

0 0.5 1m

B—B剖面图

0 0.5 1m

说明:
1. 本图高程单位以m计,其余单位以mm计。
2. 本图适用于分基型泵房。
3. 根据有关实验和工程实践,前池扩散角 α 一般采用20°～40°。
4. 前池底坡i应在0.2～0.3选取,《图集》选取为0.25。
5. 在引水渠末端底宽b与进水池池宽B确定时,根据已选定扩散角 α,则前池池长 $L_1=(B-b)/(2\tan\alpha/2)$。
6. 对于卧式水泵,悬空高度 $h_{悬}=(0.6～0.8)D_{进}$,且 $h_{悬}$ 不得小于0.3m,以防止砂石及杂物吸入。
7. 进水池中只有单台泵时,池宽 $B=(2～3)D_{进}$,$D_{进}$ 为吸水管喇叭口宽度。
8. 在设计流量Q及设计水位时水深h确定时,进水池长 $L_2=KQ/Bh$;K为秒换水系数,当 $Q<0.5m^3/s$ 时,$K=25～30$,当 $Q>0.5m^3/s$ 时,$K=15～20$。
9. 后壁距 $T=(0～0.25)D_{进}$。
10. 镇墩具体设计见《图集》附属建筑物章节。
11. 其他未尽相关事宜参照相关规范执行。

湖南省农村小型水利工程典型设计图集		取水型式部分	
图名	沟渠引水设计图	图号	BZ-40

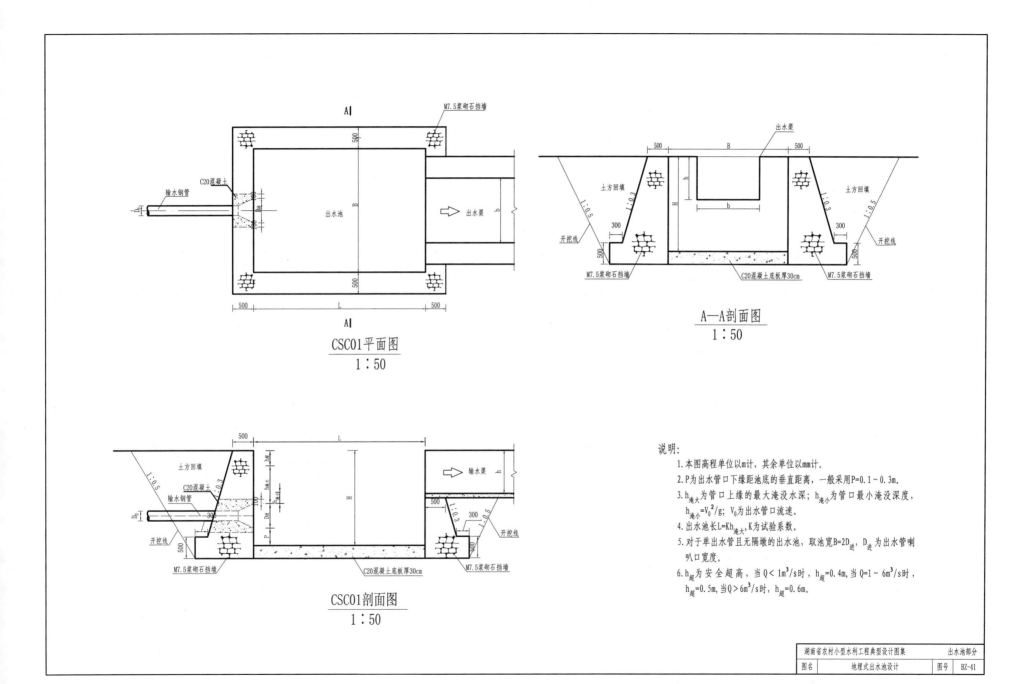

CSC01平面图
1：50

A—A剖面图
1：50

CSC01剖面图
1：50

说明:
1. 本图高程单位以m计,其余单位以mm计。
2. P为出水管口下缘距池底的垂直距离,一般采用P=0.1~0.3m。
3. $h_{淹大}$为管口上缘的最大淹没水深;$h_{淹小}$为管口最小淹没深度,$h_{淹小}=V_0^2/g$;V_0为出水管口流速。
4. 出水池长L=K$h_{淹大}$,K为试验系数。
5. 对于单出水管且无隔墩的出水池,取池宽B=2D$_进$,D$_进$为出水管喇叭口宽度。
6. $h_{超}$为安全超高,当Q< 1m³/s时,$h_{超}$=0.4m,当Q=1~6m³/s时,$h_{超}$=0.5m,当Q>6m³/s时,$h_{超}$=0.6m。

湖南省农村小型水利工程典型设计图集		出水池部分	
图名	地埋式出水池设计	图号	BZ-41

47

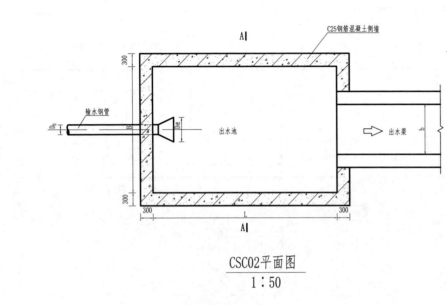

C25钢筋混凝土侧墙

输水钢管

出水池

出水渠

CSC02平面图
1：50

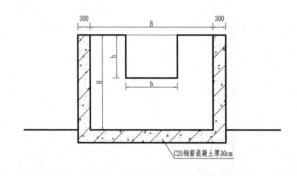

C25钢筋混凝土厚30cm

A—A剖面图
1：50

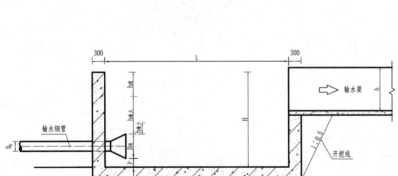

输水钢管

输水渠

开挖线

C25钢筋混凝土底板厚30cm

CSC02剖面图
1：50

说明：
1. 本图高程单位以m计，其余单位以mm计。
2. 半埋式出水池适宜建在稳定缓坡上。
3. P为出水管口下缘距池底的垂直距离，一般采用P=0.1～0.3m。
4. $h_{淹大}$为管口上缘的最大淹没水深；$h_{淹小}$为管口最小淹没深度，$h_{淹小}=V_0{}^2/g$；V_0为出水管口流速。
5. 出水池长L=K$h_{淹大}$，K为试验系数。
6. 对于单出水管且无隔墩的出水池，取池宽B=2D进，D进为出水管喇叭口宽度。
7. $h_{超}$为安全超高，当Q<1m³/s时，$h_{超}$=0.4m，当Q=1～6m³/s时，$h_{超}$=0.5m，当Q>6m³/s时，$h_{超}$=0.6m。
8. 拦污栅具体尺寸根据实际情况由厂家定制。
9. 其他未尽事宜参照相关规范执行。

湖南省农村小型水利工程典型设计图集	出水池部分
图名　半埋式出水池设计	图号　BZ-42

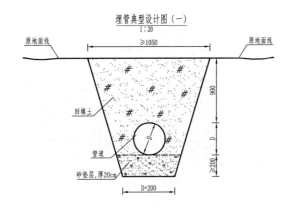

埋管典型设计图（一）
1:20

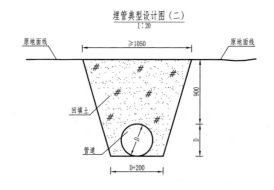

埋管典型设计图（二）
1:20

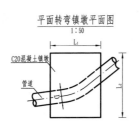

平面转弯镇墩平面图
1:50

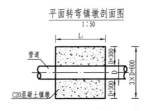

平面转弯镇墩剖面图
1:50

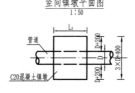

竖向镇墩平面图
1:50

竖向镇墩剖面图
1:50

说明：
1. 图中高程以m计，尺寸以mm计。
2. 典型设计图（一）适用基础为岩基，典型设计图（二）适用基础为土基。
3. 直线段上设置的镇墩其间距不宜超过100m，管径较大时，可适当减小镇墩间距。
4. 平面及竖向转弯处必须设置镇墩。当转弯角度较大时，可适当增大镇墩尺寸。

湖南省农村小型水利工程典型设计图集		泵站附属设施部分	
图名	镇墩及埋管典型设计图	图号	BZ-43

附表

IS型单级单吸离心泵

一、产品概述

　　IS型泵系单级单吸（轴向吸入）离心泵，供输送清水或物理及化学性质类似清水的其他流体，温度不高于80℃。该水泵可用于离心泵泵站。

二、泵站选型表

<table>
<tr><td colspan="9" align="center">IS 型单级单吸离心泵</td></tr>
<tr><td rowspan="2" align="center">型号</td><td rowspan="2" align="center">转速 n
（ r/min ）</td><td colspan="2" align="center">流量 Q</td><td align="center">扬程 H</td><td align="center">效率 η</td><td colspan="2" align="center">功率（ kW ）</td><td rowspan="2" align="center">必需汽蚀余量
（ NPSH ） r（ m ）</td></tr>
<tr><td align="center">（ m³/h ）</td><td align="center">（ L/s ）</td><td align="center">（ m ）</td><td align="center">（ % ）</td><td align="center">轴功率</td><td align="center">电机功率</td></tr>
<tr><td rowspan="6" align="center">IS50-32-125</td><td rowspan="3" align="center">2900</td><td align="center">7.5</td><td align="center">2.08</td><td align="center">22.5</td><td align="center">55</td><td align="center">0.7</td><td rowspan="3" align="center">2.2</td><td align="center">1.8</td></tr>
<tr><td align="center">12.5</td><td align="center">3.47</td><td align="center">20</td><td align="center">60</td><td align="center">1.13</td><td align="center">2</td></tr>
<tr><td align="center">15</td><td align="center">4.17</td><td align="center">17.5</td><td align="center">57</td><td align="center">1.25</td><td align="center">2.2</td></tr>
<tr><td rowspan="3" align="center">1450</td><td align="center">3.75</td><td align="center">1.04</td><td align="center">5.6</td><td align="center">52</td><td align="center">0.11</td><td rowspan="3" align="center">0.55</td><td align="center">1.8</td></tr>
<tr><td align="center">6.3</td><td align="center">1.75</td><td align="center">5</td><td align="center">54</td><td align="center">0.16</td><td align="center">2</td></tr>
<tr><td align="center">7.5</td><td align="center">2.08</td><td align="center">4.4</td><td align="center">52</td><td align="center">0.17</td><td align="center">2.2</td></tr>
<tr><td rowspan="2" align="center">IS50-32-125A</td><td align="center">2900</td><td align="center">11.2</td><td align="center">3.11</td><td align="center">16</td><td align="center">57</td><td align="center">0.86</td><td align="center">1.1</td><td align="center">2</td></tr>
<tr><td align="center">1450</td><td align="center">5.6</td><td align="center">1.56</td><td align="center">4</td><td align="center">53</td><td align="center">0.12</td><td align="center">0.55</td><td align="center">2</td></tr>
<tr><td rowspan="3" align="center">IS50-32-160</td><td rowspan="3" align="center">2900</td><td align="center">7.5</td><td align="center">2.08</td><td align="center">35</td><td align="center">52</td><td align="center">1.37</td><td rowspan="3" align="center">3</td><td align="center">1.8</td></tr>
<tr><td align="center">12.5</td><td align="center">3.47</td><td align="center">32</td><td align="center">54</td><td align="center">2.02</td><td align="center">2</td></tr>
<tr><td align="center">15</td><td align="center">4.17</td><td align="center">30</td><td align="center">51</td><td align="center">2.4</td><td align="center">2.2</td></tr>
</table>

型号	转速 n (r/min)	流量 Q (m³/h)	流量 Q (L/s)	扬程 H (m)	效率 η (%)	功率（kW）轴功率	功率（kW）电机功率	必需汽蚀余量 (NPSH) r (m)
IS50-32-160	1450	3.75	1.04	8.75	46	0.19	0.55	1.8
		6.3	1.75	8	48	0.28		2
		7.5	2.08	7.5	45	0.34		2.2
IS50-32-160A	2900	11.7	3.25	28	52	1.72	2.2	2
	1450	5.9	1.64	7	46	0.24	0.55	2
IS50-32-160B	2900	10.8	3	24	50	1.41	2.2	2.2
	1450	5.4	1.5	6	44	0.2	0.55	2.2
IS50-32-200	2900	7.5	2.08	52.5	38	2.82	5.5	2
		12.5	3.47	50	48	3.54		2
		15	4.17	48	51	3.95		2.5
	1450	3.75	1.04	13.1	33	0.41	0.75	2
		6.3	1.75	12.5	42	0.51		2
		7.5	2.08	12	44	0.56		2.5
IS501-32-200A	2900	11.7	3.25	44	46	3	4	2
	1450	5.9	1.64	11	40	0.44	0.55	2
IS50-32-200B	2900	10.8	3	38	44	2.54	3	2
	1450	5.4	1.5	9.56	38	0.37	0.75	2
IS50-32-250	2900	7.5	2.08	82	28.5	5.87	11	2
		12.5	3.47	80	38	7.16		2
		15	4.17	78.5	41	7.83		2.5

IS 型单级单吸离心泵

型号	转速 n	流量 Q		扬程 H	效率 η	功率（kW）		必需汽蚀余量
	（r/min）	（m³/h）	（L/s）	（m）	（%）	轴功率	电机功率	（NPSH）r（m）
IS50-32-250	1450	3.75	1.04	20.5	23	0.91	1.5	2
		6.3	1.75	20	32	1.07		2
		7.5	2.08	19.5	35	1.14		3
IS50-32-250A	2900	11.7	3.25	70	36	6.2	7.5	2
	1450	5.9	1.64	17.5	30	0.94	1.1	2
IS50-32-250B	2900	10.8	3	60	34	5.19	5.5	2
	1450	5.4	1.5	15	28	0.79	1.1	2
IS65-50-125	2900	15	4.17	22.5	66	1.39	3	1.8
		25	6.94	20	69	1.97		2
		30	8.33	17.5	67	2.14		2.2
	1450	7.5	2.08	5.6	61	0.19	0.55	1.8
		12.5	3.47	5	64	0.27		2
		15	4.17	4.4	62	0.29		2.2
IS65-50-125A	2900	22.4	6.22	16	62	1.58	2.2	2
	1450	11.2	3.11	4	56	0.22	0.55	2
IS65-50-160	2900	15	4.17	35	54	2.65	5.5	2
		25	6.94	32	65	3.35		2
		30	8.33	30	66	3.71		2.5
	1450	7.5	2.08	8.8	50	0.36	0.75	2
		12.5	3.47	8	60	0.45		2
		15	4.17	7.2	60	0.49		25

型号	转速 n	流量 Q		扬程 H	效率 η	功率（kW）		必需汽蚀余量（NPSH）r（m）
	（r/min）	（m³/h）	（L/s）	（m）	（%）	轴功率	电机功率	
IS65-50-160A	2900	23.4	6.5	28	63	2.83	3	2
	1450	11.7	3.25	7	48	0.46	0.75	2
IS65-50-160B	2900	21.7	6.03	24	61	2.33	3	2
	1450	10.8	3	6	46	0.38	0.55	2
IS65-40-200	2900	15	4.17	53	49	4.42	7.5	2
	2900	25	6.94	50	60	5.67		2
	2900	30	8.33	47	61	6.29		2.5
	1450	7.5	2.08	13.2	43	0.63	1.1	2
		12.5	3.47	12.5	55	0.77		2
		15	4.17	11.8	57	0.85		2.5
IS65-40-200A	2900	23.4	6.5	44	58	4.84	5.5	2
	1450	11.7	3.25	11	53	0.66	1.1	2
IS65-40-200B	2900	21.7	6.03	38	56	4.01	5.5	2
	1450	10.8	3	9.5	51	0.55	0.75	2
IS65-40-250	2900	15	4.17	88	50	7.19	15	1.8
		25	6.94	80	53	10.3		2
		30	8.33	72	51	11.5		2.2
	1450	7.5	2.08	22	45	1	2.2	1.8
		12.5	3.47	20	48	1.6		2.2
		15	4.17	18	46	1.6		2.2

IS 型单级单吸离心泵

型号	转速 n (r/min)	流量 Q (m³/h)	流量 Q (L/s)	扬程 H (m)	效率 η (%)	功率（kW）轴功率	功率（kW）电机功率	必需汽蚀余量（NPSH）r（m）
IS65-40-250A	2900	23.4	6.5	70	51	8.75	11	2
	1450	11.7	3.25	17.5	46	1.21	1.5	2
IS65-40-250B	2900	21.7	6.03	60	49	7.24	7.5	2
	1450	10.8	3	15	44	1	1.5	2
IS65-40-315	2900	15	4.17	127	28	18.5	30	2.5
		25	6.94	125	40	21.3		2.5
		30	8.33	123	44	22.8		3
	1450	7.5	2.08	32.3	25	2.63	4	2.5
		12.5	3.47	32	37	2.94		2.5
		15	4.17	31.7	41	3.16		3
IS65-40-315A	2900	23.9	6.64	114	38	19.5	22	2.5
	1450	11.9	3.32	28.5	35	2.64	4	2.5
IS65-40-315B	2900	22.7	6.3	103	36	17.7	18.5	2.5
	1450	11.3	3.15	25.8	33	2.4	3	2.5
IS65-40-315C	2900	21.4	5.94	92	33	16	18.5	2.5
	1450	10.7	2.97	23	31	2.16	3	2.5
IS80-65-125	2900	30	8.33	22.5	64	2.87	5.5	3
		50	13.9	20	75	3.63		3
		60	16.7	18	74	3.98		3.5

IS 型单级单吸离心泵

IS 型单级单吸离心泵								
型号	转速 n	流量 Q		扬程 H	效率 η	功率（kW）		必需汽蚀余量（NPSH）r（m）
	（r/min）	（m³/h）	（L/s）	（m）	（%）	轴功率	电机功率	
IS80-65-125	1450	15	4.17	5.6	55	0.42	0.75	2.5
		25	6.94	5	71	0.48		2.5
		30	8.33	4.5	72	0.51		3
IS80-65-125A	2900	44.7	12.42	19	73	3.17	4	3
	1450	22.4	6.22	4	69	0.35	0.55	2.5
IS80-65-160	2900	30	8.33	36	61	4.82	7.5	2.5
		50	13.9	32	73	5.97		2.5
		60	16.7	29	72	6.59		3
	1450	15	4.17	9	55	0.67	1.5	2.5
		25	6.94	8	69	0.79		2.5
		30	8.33	7.2	68	0.86		3
IS80-65-160A	2900	46.8	13	28	71	5.1	5.5	2.5
	1450	23.4	6.5	7	67	0.67	0.75	2.5
IS80-65-160B	2900	43.3	12.04	24	69	4.1	5.5	2.5
	1450	21.7	6.03	6	65	0.54	0.55	2.5
IS80-50-200	2900	30	8.33	53	55	7.87	15	2.5
		50	13.9	50	69	9.87		2.5
		60	16.7	47	71	10.8		3
	1450	15	4.17	13.2	51	1.06	2.2	2.5
		25	6.94	12.5	65	1.31		2.5
		30	8.33	11.8	67	1.44		3

IS 型单级单吸离心泵								
型号	转速 n	流量 Q		扬程 H	效率 η	功率（kW）		必需汽蚀余量（NPSH）r（m）
	（r/min）	（m³/h）	（L/s）	（m）	（%）	轴功率	电机功率	
IS80-50-200A	2900	46.8	13	44	67	8.4	11	2.5
	1450	23.4	6.5	11	63	1.1	1.5	2.5
IS80-50-200B	2900	43.3	12.04	38	65	6.9	7.5	2.5
	1450	21.7	6.03	9.5	61	0.92	1.1	2.5
IS80-50-250	2900	30	8.33	84	52	13.2	22	2.5
		50	13.9	80	63	17.3		2.5
		60	16.7	75	64	19.2		3
	1450	15	4.17	21	49	1.75	3	2.5
		25	6.94	20	60	2.52		2.5
		30	8.33	18.8	61	2.27		3
IS80-50-250A	2900	46.8	13	70	61	14.4	15	2.5
	1450	23.4	6.5	17.5	58	1.92	3	2.5
IS80-50-250B	2900	43.4	12.04	60	59	12	15	2.5
	1450	21.7	6.03	15	56	1.58	2.2	2.5
IS80-50-315	2900	30	8.33	128	41	25.5	37	2.5
		50	13.9	125	54	31.5		2.5
		60	16.7	123	57	35.3		3
	1450	15	4.17	32.5	39	3.4	5.5	2.5
		25	6.94	32	52	4.19		2.5
		30	8.33	31.5	56	4.6		3

IS 型单级单吸离心泵								
型号	转速 n	流量 Q		扬程 H	效率 η	功率（kW）		必需汽蚀余量（NPSH）r（m）
	（r/min）	（m³/h）	（L/s）	（m）	（%）	轴功率	电机功率	
IS80-50-315A	2900	47.7	13.25	114	52	28.5	37	2.5
	1450	23.8	6.62	28.5	50	3.7	5.5	2.5
IS80-50-315B	2900	45.4	12.6	103	51	25	30	2.5
	1450	22.7	6.3	25.8	49	3.26	4	2.5
IS80-50-315C	2900	42.9	11.9	92	49	22	30	2.5
	1450	21.4	5.94	23	47	2.85	4	2.5
IS100-80-125	2900	60	16.7	24	67	5.86	11	4
		100	27.8	20	78	7		4.5
		120	33.3	16.5	74	7.28		5
	1450	30	8.33	6	64	0.77	1.5	2.5
		50	13.9	5	75	0.91		2.5
		60	16.7	4	71	0.92		3
IS100-80-125A	2900	89.4	24.83	16	76	5.13	7.5	4.5
	1450	44.7	12.42	4	73	0.67	0.75	2.5
IS100-80-160	2900	60	16.7	36	70	8.42	15	3.5
		100	27.8	32	78	11.2		4
		120	33.3	28	75	12.2		5
	1450	30	8.33	9.2	67	1.12	2.2	2
		50	13.9	8	75	1.45		2.5
		60	16.7	6.8	71	1.57		3.5

型号	转速 n	流量 Q		扬程 H	效率 η	功率（kW）		必需汽蚀余量 （NPSH）r（m）
	（r/min）	（m³/h）	（L/s）	（m）	（%）	轴功率	电机功率	
IS100-80-160A	2900	93.5	26	28	76	9.4	11	4
	1450	46.8	13	7	73	1.22	2.2	2.5
IS100-80-160B	2900	86.6	24.1	24	74	7.65	11	4
	1450	43.3	12.04	6	70	9.1	1.5	2.5
IS100-65-200	2900	60	16.7	54	65	13.6	22	3
		100	27.8	50	76	17.9		3.6
		120	33.3	47	77	19.9		4.8
	1450	30	8.33	13.7	60	1.84	4	2
		50	13.9	12.5	73	2.33		2
		60	16.7	11.8	74	2.61		2.5
IS100-65-200A	2900	93.5	26	44	74	15.1	18.5	3.6
	1450	46.8	13	11	71	1.98	3	2
IS100-65-200B	2900	86.6	24.1	38	72	12.5	15	3.6
	1450	43.3	12.04	9.5	69	1.62	2.2	2
IS100-65-250	2900	60	16.7	87	61	23.4	37	3.5
		100	27.8	80	72	30.3		3.8
		120	33.3	74.5	73	33.3		4.8
	1450	30	8.33	21.3	55	3.16	5.5	2
		50	13.9	20	68	4		2
		60	16.7	19	70	4.44		2.5

表头: IS 型单级单吸离心泵

型号	转速 n	流量 Q		扬程 H	效率 η	功率（kW）		必需汽蚀余量（NPSH）r（m）
	（r/min）	（m³/h）	（L/s）	（m）	（%）	轴功率	电机功率	
IS100-65-250A	2900	93.5	26	70	70	25.5	30	3.8
	1450	46.8	13	17.5	66	3.38	5.5	2
IS100-65-250B	2900	86.6	24.1	60	68	20.8	22	3.8
	1450	43.3	12.04	15	64	2.77	4	2
IS100-65-315	2900	60	16.7	133	55	39.6	75	3
		100	27.8	125	66	51.6		3.6
		120	33.3	118	67	57.5		4.2
	1450	30	8.33	34	51	5.44	11	2
		50	13.9	32	63	6.92		2
		60	16.7	30	64	7.67		2.5
IS100-65-315A	2900	95.5	26.53	114	65	45.6	55	3.6
	1450	47.7	13.25	28.8	62	6	7.5	2
IS100-65-315B	2900	90.8	25.2	103	63	40.5	45	3.6
	1450	45.4	12.6	25.8	60	5.3	7.5	2
IS100-65-315C	2900	85.8	23.83	92	61	35.3	37	3.6
	1450	42.9	11.9	23	58	1.28	5.5	2
IS125-100-200	2900	120	33.3	57.5	67	28	45	4.5
		200	55.5	50	81	33.6		4.5
		240	66.7	44.5	80	36.4		5
	1450	60	16.7	14.5	62	3.83	7.5	2.5
		100	27.8	12.5	76	4.48		2.5
		120	33.3	11	75	4.79		3

IS 型单级单吸离心泵

型号	转速 n (r/min)	流量 Q (m³/h)	流量 Q (L/s)	扬程 H (m)	效率 η (%)	功率（kW）轴功率	功率（kW）电机功率	必需汽蚀余量 (NPSH) r (m)
IS 型单级单吸离心泵								
IS125-100-200A	2900	187	52	44	79	28.4	30	4.5
IS125-100-200A	1450	93.5	26	11	74	3.8	4	2.5
IS125-100-200B	2900	173	48	40	77	24.5	30	4.5
IS125-100-200B	1450	86.5	24	10	72	3.3	4	2.5
IS125-100-250	2900	120	33.3	87	66	43	75	3.8
IS125-100-250	2900	200	55.6	80	78	55.9	75	4.2
IS125-100-250	2900	240	66.7	72	75	62.8	75	5
IS125-100-250	1450	60	16.7	21.5	63	5.59	11	2.5
IS125-100-250	1450	100	27.8	20	76	7.17	11	2.5
IS125-100-250	1450	120	33.3	18.5	77	7.84	11	3
IS125-100-250A	2900	187	52	70	76	46.9	55	4.2
IS125-100-250A	1450	93.5	26	17.5	74	6	7.5	2.5
IS125-100-250B	2900	173	48.1	60	74	38.2	45	4.2
IS125-100-250B	1450	86.5	24.1	15	72	4.9	5.5	2.5
IS125-100-315	1450	60	16.7	33.5	58	9.4	15	2.5
IS125-100-315	1450	100	27.8	32	73	11.9	15	2.5
IS125-100-315	1450	120	33.3	30.5	74	13.5	15	3
IS125-100-315A	2900	191	53.1	114	73	81.3	90	4.5
IS125-100-315A	1450	95.5	26.53	28.5	71	10.4	15	2.5

IS 型单级单吸离心泵								
型号	转速 n	流量 Q		扬程 H	效率 η	功率（kW）		必需汽蚀余量 $(NPSH)r$（m）
	（r/min）	（m³/h）	（L/s）	（m）	（%）	轴功率	电机功率	
IS125-100-315B	2900	181.6	50.44	103	71	71.8	75	4.5
	1450	90.8	25.2	25.8	69	9.25	11	2.5
IS125-100-315C	2900	171.6	47.66	92	69	62	75	4.5
	1450	85.8	23.83	23	67	8.02	11	2.5
IS125-100-400	1450	60	16.7	52	53	16.1	30	2.5
		100	27.8	50	65	21		2.5
		120	33.3	48.5	67	23.6		3
IS125-100-400A	1450	93.5	26	44	63	17.8	22	2.5
IS125-100-400B	1450	86.5	24	38	61	14.7	18.5	2.5
IS150-125-250	1450	120	33.3	22.5	71	10.4	18.5	3
		200	55.6	20	81	13.5		3
		240	66.7	17.5	78	14.7		3.5
IS150-125-250A	1450	187	52	17.5	79	11.3	15	3
IS150-125-250B	1450	173	48.1	15	77	9.2	11	3
IS150-125-315	1450	120	33.3	35	76	15.1	30	4
		200	55.6	32	81	21.5		4.5
		240	66.7	30	77	25.5		5
IS150-125-315A	1450	187	52	28	79	18.1	22	3
IS150-125-315B	1450	173	48	24	77	14.7	18.5	3

IS、ISR、ISY系列单级离心泵

一、产品概述

IS型单级泵、ISR型单级热水泵、ISY型油泵3种系列皆为单级单吸悬臂式离心泵，该系列共34个基本型242个规格，用于输送清水及无腐蚀性的液体，介质最高温度80℃。该水泵可用于离心泵泵站。

二、泵站选型表

型号	叶轮型式	流量		扬程 H (m)	转速 n (r/min)	效率 E (%)	必需汽蚀余量 (NPSH)r(m)	轴功率 N (kW)	配用电机 型号/功率(kW)
		(m³/h)	(L/s)						
50-32-125	O	12.5	3.47	20	2900	60	2	1.13	90L-2/2.2
	A	11.9	3.31	18.2		58	2	1.02	
	B	11.2	3.1	15.9		56	2	0.86	90S-2/1.1
	C	10.4	2.88	13.8		54	2	0.72	802-2/1.1
50-32-125（J）	O	6.3	1.74	5	1450	54	2	0.16	801-4/0.55
	A	6	1.67	4.6		52	2	0.14	
	B	5.6	1.56	4		50	2	0.12	
	C	5.2	1.45	3.5		48	2	0.1	
50-32-160	O	12.5	3.47	32	2900	54	2	2.02	100L-2/3
	A	11.4	3.16	26.6		52	2	1.59	
	B	10.1	2.81	21		50	2	1.16	90L-2/2.2
	C	9	2.51	16.7		45	2	0.91	90S-2/1.5

<table>
<tr><th colspan="10">IS、ISR、ISY 系列单级离心泵</th></tr>
<tr><td rowspan="2">型号</td><td rowspan="2">叶轮型式</td><td colspan="2">流量</td><td rowspan="2">扬程 H（m）</td><td rowspan="2">转速 n（r/min）</td><td rowspan="2">效率 E（%）</td><td rowspan="2">必需汽蚀余量（NPSH）r(m)</td><td rowspan="2">轴功率 N（kW）</td><td rowspan="2">配用电机型号/功率（kW）</td></tr>
<tr><td>（m³/h）</td><td>（L/s）</td></tr>

<tr><td rowspan="4">50-32-160（J）</td><td>O</td><td>6.3</td><td>1.75</td><td>8</td><td rowspan="4">1450</td><td>48</td><td>2</td><td>0.29</td><td rowspan="4">801-4/0.55</td></tr>
<tr><td>A</td><td>5.7</td><td>1.59</td><td>6.7</td><td>45.5</td><td>2</td><td>0.23</td></tr>
<tr><td>B</td><td>5.1</td><td>1.42</td><td>5.3</td><td>42</td><td>2</td><td>0.17</td></tr>
<tr><td>C</td><td>4.6</td><td>1.26</td><td>4.2</td><td>38</td><td>2</td><td>0.14</td></tr>

<tr><td rowspan="4">50-32-200</td><td>O</td><td>12.5</td><td>3.47</td><td>50</td><td rowspan="4">2900</td><td>48</td><td>2</td><td>3.54</td><td rowspan="2">132S1-2/5.5</td></tr>
<tr><td>A</td><td>12.1</td><td>3.37</td><td>47</td><td>47</td><td>2</td><td>3.3</td></tr>
<tr><td>B</td><td>11.7</td><td>3.23</td><td>43.2</td><td>46.2</td><td>2</td><td>2.96</td><td rowspan="2">112M-2/4</td></tr>
<tr><td>C</td><td>10.9</td><td>3.02</td><td>37.7</td><td>45.2</td><td>2</td><td>2.47</td></tr>

<tr><td rowspan="4">50-32-200（J）</td><td>O</td><td>6.3</td><td>1.74</td><td>12.5</td><td rowspan="4">1450</td><td>42</td><td>2</td><td>0.51</td><td rowspan="3">802-4/0.75</td></tr>
<tr><td>A</td><td>6.1</td><td>1.7</td><td>11.8</td><td>41.5</td><td>2</td><td>0.47</td></tr>
<tr><td>B</td><td>5.9</td><td>1.63</td><td>10.8</td><td>40.7</td><td>2</td><td>0.42</td></tr>
<tr><td>C</td><td>5.5</td><td>1.52</td><td>9.4</td><td>39.5</td><td>2</td><td>0.36</td><td>801-4/0.55</td></tr>

<tr><td rowspan="4">50-32-250</td><td>O</td><td>12.5</td><td>3.47</td><td>80</td><td rowspan="4">2900</td><td>38</td><td>2</td><td>7.16</td><td rowspan="3">160M1-2/11</td></tr>
<tr><td>A</td><td>11.6</td><td>3.22</td><td>68.9</td><td>37.5</td><td>2</td><td>5.8</td></tr>
<tr><td>B</td><td>10.8</td><td>3</td><td>59.7</td><td>36.3</td><td>2</td><td>4.84</td></tr>
<tr><td>C</td><td>10</td><td>2.78</td><td>51.2</td><td>35</td><td>2</td><td>3.98</td><td>132S2-2/7.5</td></tr>

<tr><td rowspan="4">50-32-250（J）</td><td>O</td><td>6.3</td><td>1.74</td><td>20</td><td rowspan="4">1450</td><td>32</td><td>2</td><td>1.07</td><td rowspan="3">90L-4/1.5</td></tr>
<tr><td>A</td><td>5</td><td>1.63</td><td>17.2</td><td>31.2</td><td>2</td><td>0.88</td></tr>
<tr><td>B</td><td>5.4</td><td>1.51</td><td>14.9</td><td>30.5</td><td>2</td><td>0.73</td></tr>
<tr><td>C</td><td>5</td><td>1.4</td><td>12.8</td><td>29.5</td><td>2</td><td>0.6</td><td>90S-4/1.1</td></tr>
</table>

型号	叶轮型式	流量		扬程 H (m)	转速 n (r/min)	效率 E (%)	必需汽蚀余量 (NPSH)r(m)	轴功率 N (kW)	配用电机 型号 / 功率（kW）
		（m³/h）	（L/s）						
65-50-125	O	25	6.94	20	2900	69	2.5	1.97	100L-2/3
	A	23.5	6.52	17.6		67	2.4	1.68	
	B	21.9	6.09	15.4		62	2.3	1.48	90L-2/2.2
	C	19.9	5.24	11.4		53	2.15	1.1	
65-50-125（J）	O	12.5	3.47	5	1450	64	2	0.27	801-4/0.55
	A	11.7	3.26	4.4		61.5	2	0.23	
	B	11	3.04	3.8		57	2	0.2	
	C	9.4	2.62	2		48	2	0.15	
65-50-160	O	25	6.94	32	2900	65	2	3.35	132S1-2/5.5
	A	23.5	6.52	28.2		63	2	2.86	112M-2/4
	B	21.6	6	23.9		58	2	2.42	
	C	20.1	5.57	20.6		55	2	2.05	100L-2/3
65-50-160（J）	O	12.5	3.47	8	1450	60	2	0.45	802-4/0.75
	A	11.7	3.26	7		58	2	0.39	
	B	10.8	3	6		55	2	0.32	801-4/0.55
	C	10	2.79	5.2		52	2	0.27	
65-40-200	O	25	6.94	50	2900	60	2	5.67	132S2-2/7.5
	A	23.8	6.6	45.1		59.5	2	4.91	
	B	22.5	6.25	40.5		59	2	4.21	132S1-2/5.5
	C	21.3	5.9	36.1		57.5	2	3.64	

IS、ISR、ISY 系列单级离心泵

型号	叶轮型式	流量		扬程 H（m）	转速 n（r/min）	效率 E（%）	必需汽蚀余量（NPSH）r（m）	轴功率 N（kW）	配用电机型号/功率（kW）
		（m³/h）	（L/s）						
65-40-200（J）	O	12.5	3.47	12.5	1450	55	2	0.77	90S-4/1.1
	A	11.9	3.3	11.3		55	2	0.66	
	B	11.3	3.13	10.1		55	2	0.56	
	C	10.6	2.95	9		55	2	0.48	802-4/0.75
65-40-250	O	25	6.94	80	2900	50	2	10.9	160M2-2/15
	A	23.4	6.51	70.2		49	2	9.14	
	B	21.9	6.07	61.1		47.6	2	7.64	160M1-2/11
	C	20.5	5.69	53.7		46.3	2	6.46	
65-40-250（J）	O	12.5	3.47	20	1450	46	2	1.48	100L1-4/2.2
	A	11.7	3.25	17.6		44.8	2	1.25	
	B	10.9	3.04	15.3		43.8	2	1.04	90L-4/1.5
	C	10.2	2.84	13.4		43	2	0.87	
65-40-315	O	25	6.94	125	2900	50	2.5	21.3	200L1-2/30
	A	23.3	6.48	109		39	2.5	17.5	180M-2/22
	B	21.9	6.08	96		39.5	2.5	14.7	160L-2/18.5
	C	20.2	5.62	81.9		38.5	2.5	11.7	160M2-2/15
65-40-315（J）	O	12.5	3.47	32	1450	37	2.5	2.94	112M-4/4
	A	11.7	3.24	27.9		36.6	2.5	2.42	
	B	11	3.04	24.6		36	2.5	2.02	100L2-4/3
	C	10.1	2.81	21		36	2.5	1.61	

IS、ISR、ISY系列单级离心泵

65

型号	叶轮型式	流量		扬程 H（m）	转速 n（r/min）	效率 E（%）	必需汽蚀余量（NPSH）r(m)	轴功率 N（kW）	配用电机 型号 / 功率（kW）
		（m³/h）	（L/s）						
80-65-125	O	50	13.9	20	2900	75	3	3.63	132S1-2/5.5
	A	47.9	13.3	18.3		73	3	3.27	
	B	43.6	12.1	15.2		69.5	3	2.59	112M-2/4
	C	38.6	10.7	11.9		65.5	3	1.91	100L-2/3
80-65-125（J）	O	25	6.94	5	1450	71	2.5	0.48	802-4/0.75
	A	23.9	6.65	4.6		70	2.5	0.43	
	B	21.8	6.05	3.8		66	2.5	0.34	801-4/0.55
	C	19.3	5.36	3		62	2.5	0.25	
80-65-160	O	50	13.9	32	2900	73	2.5	5.97	132S2-2/7.5
	A	46.9	13.3	28.2		71	2.5	5.07	
	B	43.2	12	23.9		67	2.5	4.2	132S1-2/5.5
	C	40.1	11.1	20.6		64	2.5	3.52	
80-65-160（J）	O	25	6.94	8	1450	69	2.5	0.79	90L-4/1.5
	A	23.5	6.52	7		66.5	2.5	0.68	90S-4/1.1
	B	21.6	6	6		63	2.5	0.56	
	C	20.1	5.57	5.2		60	2.5	0.47	802-4/0.75
80-50-200	O	50	13.9	50	2900	69	2.5	9.87	160M2-2/15
	A	46.9	13	43.4		67	2.5	8.21	160M1-2/11
	B	42.7	11.9	30.4		66	2.5	6.4	
	C	39.2	10.9	30.6		64.5	2.5	5.09	132S2-2/7.5

IS、ISR、ISY 系列单级离心泵

IS、ISR、ISY 系列单级离心泵								
型号	叶轮型式	流量		扬程 H (m)	转速 n (r/min)	效率 E (%)	必需汽蚀余量 (NPSH)r(m)	轴功率 N (kW)	配用电机 型号/功率(kW)
		(m³/h)	(L/s)						
80-50-200（J）	O	25	6.94	12.5	1450	65	2.5	1.31	100L1-4/2.2
	A	23.3	6.65	10		63	2.5	1.09	90L-4/1.5
	B	21.3	5.92	9.1		61.5	2.5	0.86	
	C	19.6	5.45	7.7		60.5	2.5	0.68	90S-4/1.1
80-50-250	O	50	13.9	80	2900	63	2.5	17.3	180M-2/22
	A	47.2	13.1	71.3		62.6	2.5	14.6	
	B	44.4	12.3	63.1		62.2	2.5	12.3	160L-2/18.5
	C	39.6	10	50.2		60.8	2.5	3.9	160M2-2/15
80-50-250（J）	O	25	6.94	20	1450	60	2.5	2.27	100L2-4/3
	A	23.6	8.58	17.6		58.7	2.5	1.95	
	B	22.2	8.17	15.8		58	2.5	1.64	100L1-2/2.2
	C	19.8	5.5	12.6		57	2.5	1.19	
80-50-315	O	50	13	125	2900	54	2.5	31.5	200L2-2/37
	A	46.7	13	108		53.5	2.5	25.9	
	B	43.8	12.2	66		53	2.5	21.6	200L1-2/30
	C	40.5	11.2	81.9		52.5	2.5	17.2	180M-2/22
80-50-315（J）	O	25	8.94	32	1450	52	2.5	4.19	132S-4/5.5
	A	23.3	8.48	27.9		51.7	2.5	3.43	
	B	21.9	8.08	24.8		51.4	2.5	2.85	112M-4/4
	C	20.2	5.82	21		51.1	2.5	2.26	

IS、ISR、ISY 系列单级离心泵									
型号	叶轮型式	流量		扬程 H（m）	转速 n（r/min）	效率 E（%）	必需汽蚀余量（NPSH）r（m）	轴功率 N（kW）	配用电机型号 / 功率（kW）
		（m³/h）	（L/s）						
100-80-125	O	100	27.8	20	2900	78	4.5	7	160M1-2/11
	A	94.2	26.2	17.8		73	4.4	6.25	
	B	89.2	24.8	15 9		70	4.3	5.25	132S2-2/7.5
	C	79.1	22.2	12.5		64	4.2	4.22	132S1-2/5.5
100-80-125（J）	O	50	13.9	5	1450	75	2.5	0.91	90L-4/1.5
	A	47.1	13.1	4.4		72	2.5	0.79	
	B	44.6	12.4	4		66	2.5	0.73	90S-4/1.1
	C	39.6	11	3.1		61	2.5	0.55	
100-80-160	O	100	27.8	32	2900	78	4	11.2	160M2-2/15
	A	94.8	28.7	28.8		77.5	3.97	9.58	
	B	89	24.7	25.4		76.6	3.77	8.02	160M1-2/11
	C	84.4	23.4	22.8		76	3.65	6.89	
100-80-160（J）	O	50	13.9	8	1450	75	2.5	1.45	100L1-4/2.2
	A	47.4	13.2	7.2		76	2.34	1.22	
	B	44.5	12.4	6.3		73.3	2.25	1.05	90L-4/1.5
	C	42.2	11.7	5.7		73	2.17	0.9	
100-65-200	O	100	27.8	50	2900	76	3.6	17.9	180M2-2/22
	A	94.1	26.1	44.2		75.5	3.45	14.8	
	B	89.1	24.7	39.7		74.5	3.35	12.9	160L-2/18.5
	C	84.2	23.4	35.4		73	3.25	11.1	160M-2/15

<table>
<tr><td colspan="9" align="center">IS、ISR、ISY 系列单级离心泵</td></tr>
<tr><td rowspan="2">型号</td><td rowspan="2">叶轮型式</td><td colspan="2">流量</td><td rowspan="2">扬程 H
（m）</td><td rowspan="2">转速 n
（r/min）</td><td rowspan="2">效率 E
（%）</td><td rowspan="2">必需汽蚀余量
（NPSH）r（m）</td><td rowspan="2">轴功率 N
（kW）</td><td rowspan="2">配用电机
型号 / 功率（kW）</td></tr>
<tr><td>（m³/h）</td><td>（L/s）</td></tr>

<tr><td rowspan="4">100-65-200（J）</td><td>O</td><td>50</td><td>13.9</td><td>12.5</td><td rowspan="4">1450</td><td>73</td><td>2</td><td>2.33</td><td>112M-4/4</td></tr>
<tr><td>A</td><td>47</td><td>13.1</td><td>11.1</td><td>72.7</td><td>2</td><td>1.95</td><td rowspan="2">100L2-4/3</td></tr>
<tr><td>B</td><td>44.6</td><td>12.4</td><td>9.9</td><td>72.3</td><td>2</td><td>1.67</td></tr>
<tr><td>C</td><td>42.1</td><td>11.7</td><td>8.9</td><td>72</td><td>2</td><td>1.41</td><td>100L1-4/2.2</td></tr>

<tr><td rowspan="4">100-65-250</td><td>O</td><td>100</td><td>27.8</td><td>87</td><td rowspan="4">2900</td><td>72</td><td>3.8</td><td>30.3</td><td rowspan="2">200L2-2/37</td></tr>
<tr><td>A</td><td>93.3</td><td>25.9</td><td>69.7</td><td>69.3</td><td>3.7</td><td>25.6</td></tr>
<tr><td>B</td><td>87.1</td><td>24.2</td><td>60.6</td><td>66.1</td><td>3.6</td><td>21.8</td><td rowspan="2">200L1-2/30</td></tr>
<tr><td>C</td><td>80.8</td><td>22.4</td><td>52.2</td><td>62.8</td><td>3.5</td><td>18.1</td></tr>

<tr><td rowspan="4">100-65-250（J）</td><td>O</td><td>50</td><td>13.9</td><td>20</td><td rowspan="4">1450</td><td>68</td><td>2</td><td>4</td><td rowspan="2">132S-4/5.5</td></tr>
<tr><td>A</td><td>46.7</td><td>13</td><td>17.4</td><td>65.5</td><td>2</td><td>3.38</td></tr>
<tr><td>B</td><td>43.5</td><td>12.1</td><td>15.2</td><td>62</td><td>2</td><td>2.9</td><td rowspan="2">112M-4/4</td></tr>
<tr><td>C</td><td>40.4</td><td>11.2</td><td>13.1</td><td>58.5</td><td>2</td><td>2.4</td></tr>

<tr><td rowspan="4">100-65-315</td><td>O</td><td>100</td><td>27.8</td><td>125</td><td rowspan="4">2900</td><td>66</td><td>3.6</td><td>51.6</td><td>280S-2/75</td></tr>
<tr><td>A</td><td>93.3</td><td>25.9</td><td>109</td><td>65.2</td><td>3.45</td><td>42.5</td><td>250M-2/55</td></tr>
<tr><td>B</td><td>87.6</td><td>24.3</td><td>96</td><td>64.5</td><td>3.32</td><td>35.5</td><td>225M-2/45</td></tr>
<tr><td>C</td><td>81</td><td>22.5</td><td>81.9</td><td>63</td><td>3.2</td><td>28.7</td><td>200L2-2/37</td></tr>

<tr><td rowspan="4">100-65-315（J）</td><td>O</td><td>50</td><td>13.9</td><td>32</td><td rowspan="4">1450</td><td>63</td><td>2</td><td>6.92</td><td rowspan="2">160M-4/11</td></tr>
<tr><td>A</td><td>46.7</td><td>13</td><td>27.9</td><td>62.8</td><td>2</td><td>5.64</td></tr>
<tr><td>B</td><td>43.8</td><td>12.2</td><td>24.6</td><td>62.7</td><td>2</td><td>4.67</td><td>132M-4/7.5</td></tr>
<tr><td>C</td><td>40.5</td><td>11.2</td><td>21</td><td>61.5</td><td>2</td><td>3.76</td><td>132S-4/5.5</td></tr>
</table>

IS、ISR、ISY 系列单级离心泵									
型号	叶轮型式	流量		扬程 H（m）	转速 n（r/min）	效率 E（%）	必需汽蚀余量（NPSH）r（m）	轴功率 N（kW）	配用电机 型号/功率（kW）
		（m³/h）	（L/s）						
125-80-160	Z	174	48.4	38	2900	80	5.6	22.6	200L1-2/30
	O	160	44.4	32		80	5.6	17.5	180M-2/22
	A	150	41.6	28		78	5.6	14.7	160L-2/15
	B	139	38.5	24		76	5.6	11.9	160M-2/15
125-80-160（J）	Z	87.2	24.2	9.5	1450	77	2.5	2.93	112M-4/4
	O	80	22.2	8		77	2.5	2.26	100L2-4/3
	A	74.8	20.8	7		75	2.5	1.9	100L1-4/2.2
	B	69.3	19.2	6		73	2.5	1.55	
125-80-200	Z	175	48.7	60	2900	80	5.2	35.8	225M-2/45
	O	160	44.4	50		80	5.2	27.2	200L2-2/37
	A	150	41.7	44		79	5.2	22.8	200L1-2/30
	B	139	38.7	38		78	5.2	18.5	180M-2/22
125-80-200（J）	Z	87.6	24.3	15	1450	77	2.5	4.65	132M-4/7.5
	O	80	22.2	12.5		77	2.5	3.54	132S-4/5.5
	A	75.1	20.8	11		76	2.5	2.96	
	B	69.7	19.4	9.5		75	2.5	2.41	112M-4/4
125-80-250	Z	172	47.7	92	2900	77	4.8	55.8	280S-2/75
	O	160	44.4	80		77	4.8	45.3	250M-2/55
	A	150	41.6	70		76	4.8	37.5	225M-2/45
	B	139	38.5	60		75	4.8	30.2	200L2-2/37

IS、ISR、ISY 系列单级离心泵									
型号	叶轮型式	流量		扬程 H （m）	转速 n （r/min）	效率 E （%）	必需汽蚀余量 （NPSH）r（m）	轴功率 N （kW）	配用电机 型号／功率（kW）
		（m³/h）	（L/s）						
125-80-250（J）	Z	85.8	23.8	23	1450	74	2.2	6.26	160M-4/11
	O	80	22.2	20		74	2.2	5.89	132M-4/7.5
	A	74.8	20.8	17.5		73	2.2	4.89	132S-4/5.5
	B	69.3	19.2	15		72	2.2	3.93	
125-80-315	O	160	44.4	125	2900	73	4.5	74.6	280M-2/90
	A	153	42.4	114		72	4.5	65.9	280S-2/75
	B	145	40.3	103		71	4.5	57.4	
	C	137	38.1	92		70	4.5	49.1	
125-80-315（J）	Z	82.5	22.9	34	1450	70	2.1	10.9	160L-4/15
	O	80	22.2	32		70	2.1	9.96	
	A	75.5	21	28.5		69	2.1	8.49	160M-4/11
	B	71.8	19.9	25.8		68	2.1	7.4	
	C	67.8	18.8	23		67	2.1	6.34	132M-4/7.5
125-80-400	Z	87.6	23.2	60	1450	63	2	22.7	200L-4/30
	O	80	22.2	50		63	2	17.3	180L-4/22
	A	75.1	20.8	44		62	2	14.5	180M-4/18
	B	69.7	19.4	38		61	2	11.8	160L-4/15
125-100-200	O	200	55.5	50	2900	81	4.5	33.6	225M-2/45
	A	185	51.4	42.9		78	4.5	27.7	220L2-2/37
	B	172	47.8	37.1		75	4.5	23.2	200L1-2/30
	C	157	43.7	31		71	4.5	18.7	

		流量		扬程 H	转速 n	效率 E	必需汽蚀余量	轴功率 N	配用电机
型号	叶轮型式	（ m³/h ）	（ L/s ）	（ m ）	（ r/min ）	（ % ）	（ NPSH)r(m)	（ kW ）	型号 / 功率（ kW ）
125-100-200 （J）	O	100	27.8	12.5	1450	76	2.5	4.48	132M-4/7.5
	A	92.6	25.7	10.7		73.5	2.5	3.68	132S-4/5.5
	B	86.1	23.9	9.3		70	2.5	3.11	
	C	78.7	21.9	7.7		66	2.5	2.51	112M-4/4
125-100-250	O	200	55.5	80	2900	78	4.2	55.9	280S-2/75
	A	187	51.9	69.7		78.2	4.08	45.3	
	B	174	48.4	60.6		78	4	36.9	250M-2/55
	C	162	44.9	52.2		77.8	3.9	29.5	225M-2/45
125-100-250 （J）	O	100	27.8	20	1450	76	2.5	7.17	160M-4/11
	A	93.9	25.9	17.4		76	2.5	5.83	
	B	87.1	24.2	15.2		75.5	2.5	4.76	132M-4/7.5
	C	80.8	22.4	13.1		75.2	2.5	3.82	132S-4/5.5
125-100-315	B	174	48.2	94.8	2900	70.8	4.5	63.5	280M-2/90
	C	161	44.7	80.9		68.4	4.2	51.8	280S-2/75
125-100-315 （J）	O	100	27.8	32	1450	73	2.5	11.9	160L-4/15
	A	93.7	26	28.1		71.5	2.5	10	
	B	87.1	24.2	24.3		69.5	2.5	8.28	
	C	80.4	22.3	20.7		67	2.5	6.77	160M-4/11

IS、ISR、ISY 系列单级离心泵

IS、ISR、ISY 系列单级离心泵									
型号	叶轮型式	流量		扬程 H（m）	转速 n（r/min）	效率 E（%）	必需汽蚀余量（NPSH）r（m）	轴功率 N（kW）	配用电机 型号 / 功率（kW）
		（m³/h）	（L/s）						
125-100-400	O	100	27.8	50	1450	65	2.5	21	200L-4/30
	A	93.9	26.1	44.1		65	2.5	17.4	180L-4/22
	B	87.1	24.2	37.9		64.7	2.5	13.9	180M-4/18.5
	C	81	22.5	32.8		64.4	2.5	11.2	160L-4/15
150-125-250	O	200	55.5	20	1450	81	3	13.5	180M-4/18.5
	A	187	51.7	17.4		77	3	11.5	160L-4/15
	B	171	47.4	14.6		75	3	9.06	
	C	159	44.1	12.6		71	3	7.7	160M-4/11
150-125-315	O	200	55.5	32	1450	79	2.5	22.1	200L-4/30
	A	186	51.2	27.8		78.8	2.5	18	180L-4/22
	B	174	48.2	24.1		77.7	2.5	14.7	180M-4/18.5
	C	161	44.6	20.6		76.7	2.5	11.8	160L-4/15
150-125-400	O	200	55.5	50	1450	75	2.8	36.3	225M-4/45
	A	186	51.8	43.5		74.5	2.65	29.4	
	B	174	48.2	38		74	2.5	24.4	225S-4/37
	C	161	44.6	32.3		72.8	2.35	19.4	220L-4/30
200-150-250	O	400	111	22	1450	82.5	3.5	29.1	225S-4/37
	A	371	103	18.9		80	3.4	23.9	200L-4/30
	B	345	95.8	16.4		77.5	3.3	19.8	
	C	317	88.1	13.8		74	3.2	16.2	180L-4/22

型号	叶轮型式	流量		扬程 H（m）	转速 n（r/min）	效率 E（%）	必需汽蚀余量（NPSH）r（m）	轴功率 N（kW）	配用电机型号 / 功率（kW）
		（m³/h）	（L/s）						
	O	400	111	32		82	3.5	42.5	250M-4/55
200-150-315	A	366	102	26.7	1450	76.2	3.35	35	225M-4/45
	B	330	91.7	21.8		69.3	3.2	28.3	225S-4/37
	C	303	84.1	18.3		64	3.1	23.6	200L-4/30
	O	400	111	50		81	3.8	67.2	280M-4/90
200-150-400	A	373	104	43.4	1450	79.8	3.6	55.2	280S-4/75
	B	348	96.8	37.9		78.6	3.4	45.8	
	C	324	90	32.8		77	3.25	37.6	250M-4/55

IS、ISR、ISY 系列单级离心泵

SH、S系列双吸中开泵

一、产品概述

　　SH系列和S系列都是双吸水平中开式离心泵，共62个规格，适用于输送80℃以下的清水和无腐蚀性的液体，轴承体及填料体通过冷却水后可输送温度达130℃的介质。该水泵可用于离心泵泵站。

二、泵站选型表

型号	流量 Q（m³/h）	扬程 H（m）	转速 n（r/min）	效率 E（%）	吸程 Hs（m）	轴功率 N（kW）	电机型号 M/功率（kW）	进水口直径 DR（mm）	出水口直径 DC（mm）	总重量 W（kg）
							SH、S系列双吸中开泵			
6sh-6	162	78		75	5	45.8	Y250M-2/55			720
6sh-6A	144	62		72	5	33.8	Y225M-2/45			615
6sh-9	170	47.6	2900	80	5	27.6	Y200L2-2/37	150	150	570
6sh-9A	144	40		75	5	20.9	Y200L1-2/30			540
8sh-6A	215	75.6		69	4.5	64.2	Y280M-2/90			1180
8sh-9	288	62.5		80	4.5	61.3	Y280S-2/75			1060
8sh-9A	270	46	2900	70	5	48.3	Y250M-2/55	200	200	905
8sh-13	288	41.3		85	3.6	38.1	Y225M-2/45			750
8sh-13A	270	36		80	4.2	33.1	Y200L2-2/37			690

					SH、S 系列双吸中开泵					
型号	流量 Q （m³/h）	扬程 H （m）	转速 n （r/min）	效率 E （%）	吸程 Hs （m）	轴功率 N （kW）	电机型号 M/ 功率 （kW）	进水口直径 DR （mm）	出水口直径 DC （mm）	总重量 W （kg）
10sh-9	486	38.5		83	6	61.5	Y280S-4/75			1350
10sh-9A	468	30.5		85	6	45.7	Y250M-4/55			1180
10sh-13	486	23.5	1450	86	6	36.2	Y225M-4/45	250	250	1085
10sh-13A	414	20.3		83	6	27.6	Y225S-4/37			1050
10sh-19	486	14		85	6	21.8	Y200L-4/30			1000
10sh-19A	432	11		82	6	15.8	Y180L-4/22			900
12sh-13	792	32.2		87	4.5	79.8	Y280M-4/90			1885
12sh-13A	720	26	1450	84	4.5	60.7	Y280S-4/75	300	300	1780
12sh-19	792	19.4		84	4.5	49.8	Y250M-4/55			1515
12sh-19A	720	16		82	4.5	38.3	Y225M-4/45			1380
12sh-28	792	12	1450	83	4.5	31.2	Y225S-4/37	300	300	1345
12sh-28A	685	10		80	4.5	23.3	Y200L-4/30			1330
14sh-28	1260	16.2	970	85	3.5	65.3	Y280S-4/75	500	500	760
14sh-28A	1044	13.4		80	3.5	47.6	Y250M-4/55			760

S型双吸离心泵

一、产品概述

  S型泵是单级双吸，卧式中开离心泵，供输送清水及物理化学性质类似于水的液体。该水泵可用于离心泵泵站。

二、泵站选型表

泵型号	流量 Q（m^3/h）	扬程 H（m）	转速 n（r/min）	功率（kW）轴功率	功率（kW）电机功率	效率 η（%）	必需汽蚀余量（NPSH）r（m）	重量（kg）
100S90	60	95	2950	25.5	37	61	2.5	120
	80	90		30.1		65		
	95	82		33.7		63		
100S90A	50	78	2950	17.7	30	60	2.5	120
	72	75		23		64		
	86	70		26		63		
150S100	126	102	2950	50	75	70	3.5	160
	160	100		59.8		73		
	202	90		68.8		72		
150S78	126	84	2950	40	55	72	3.5	150
	160	78		45		75.5		
	198	70		52.4		72		

				S 型双吸离心泵				

泵型号	流量 Q (m³/h)	扬程 H (m)	转速 n (r/min)	功率（kW）		效率 η (%)	必需汽蚀余量 (NPSH) r (m)	重量 (kg)
				轴功率	电机功率			
150S78A	111.6	67	2950	30	45	68	3.5	150
	144	62		33.8		72		
	180	55		38.5		70		
150S50	130	52	2950	25.3	37	72.9	3.9	130
	160	50		27.3		80		
	220	40		31.1		77.2		
150S50A	111.6	43.8	2950	18.5	30	72	3.9	130
	144	40		20.9		7		
	180	35		24.5		70		
150S50B	103	38	2950	17.2	22	65	3.9	130
	133	36		18.6		70		
	160	32		19.4		72		
200S63	216	69	2950	54.8	75	74	5.8	230
	280	63		58.3		82.7		
	351	50		66.4		72		
200S63A	180	54.5	2950	38.2	55	70	5.8	230
	270	46		45.1		75		
	324	37.5		47.3		70		

泵型号	流量 Q （m³/h）	扬程 H （m）	转速 n （r/min）	功率（kW）		效率 η （%）	必需汽蚀余量 （NPSH）r（m）	重量 （kg）
				轴功率	电机功率			
200S42	216	48	2950	34.8	45	81	6	180
	280	42		38.1		84.5		
	342	35		40.2		81		
200S42A	198	43	2950	30.5	37	76	6	180
	270	36		33.1		80		
	310	31		34.4		76		
250S39	360	42.5	1450	54.8	75	76	3.2	380
	485	39		61.5		83.6		
	612	32.9		68.6		79		
250S39A	324	35.5	1450	42.5	55	74	3.2	380
	468	30.5		49.3		79		
	576	25		50.9		77		
250S24	360	27	1450	33.1	45	80	3.5	370
	485	24		36.9		85.8		
	576	19		36.4		82		
250S24A	342	22.2	1450	25.8	37	80	3.5	370
	414	20.3		27.6		83		
	482	17.4		28.6		80		

表头：S 型双吸离心泵

				S 型双吸离心泵				
泵型号	流量 Q（ m³/h ）	扬程 H（ m ）	转速 n（ r/min ）	功率（ kW ）		效率 η（ % ）	必需汽蚀余量（ NPSH ）r（ m ）	重量（ kg ）
				轴功率	电机功率			
250S14	360	17.5	1450	21.4	30	80	3.8	320
	485	14		21.5		85.5		
	576	11		22.1		78		
250S14A	320	13.7	1450	15.4	18.5	78	3.8	320
	432	11		15.8		82		
	504	8.6		15.8		75		
300S32	612	36	1450	75	90	80	4.6	709
	790	32		79.2		86.8		
	900	28		86		80		
300S32A	551	31	1450	58.1	75	80	4.6	709
	720	26		60.7		84		
	810	24		68		78		
300S19	612	22	1450	45.9	55	80	5.2	487
	790	19		47		86.8		
	935	14		47.6		75		
300S19A	504	20	1450	38.7	45	71	5.2	487
	720	16		39.2		80		
	829	13		39.1		75		

S 型双吸离心泵								
泵型号	流量 Q（m³/h）	扬程 H（m）	转速 n（r/min）	功率（kW）		效率 η（%）	必需汽蚀余量（NPSH）r（m）	重量（kg）
				轴功率	电机功率			
300S12	612	14.5	1450	30.2	37	80	5.5	660
	790	12		30.4		84.8		
	900	10		33.1		74		
300S12A	522	11.8	1450	23.3	30	72	5.5	660
	684	10		23.9		78		
	792	8.7		24.7		76		
350S16	972	20	1450	64	75	83	7.1	760
	1260	16		64.5		85.3		
	1440	13.4		71		74		
350S16A	864	16	1450	51	55	74	7.1	760
	1044	13.4		48.8		78		
	1260	10		49		70		
100S90	60	95	2950	25.5	37	61	2.5	120
	80	90		30.1		65		
	95	82		33.7		63		
100S90A	50	78	2950	17.7	30	60	2.5	120
	72	75		23		64		
	86	70		26		63		

泵型号	流量 Q（ m^3/h ）	扬程 H（ m ）	转速 n（ r/min ）	功率（ kW ）		效率 η（ % ）	必需汽蚀余量（ NPSH ）r（ m ）	重量（ kg ）
				轴功率	电机功率			
150S100	126	102	2950	50	75	70	3.5	160
	160	100		59.8		73		
	202	90		68.8		72		
150S78	126	84	2950	40	55	72	3.5	150
	160	78		45		75.5		
	198	70		52.4		72		
150S78A	111.6	67	2950	30	45	68	3.5	150
	144	62		33.8		72		
	180	55		38.5		70		
150S50	130	52	2950	25.3	37	72.9	3.9	130
	160	50		27.3		80		
	220	40		31.1		77.2		
150S50A	111.6	43.8	2950	18.5	30	72	3.9	130
	144	40		20.9		75		
	180	35		24.5		70		
150S50B	103	38	2950	17.2	22	65	3.9	130
	133	36		18.6		70		
	160	32		19.4		72		

S 型双吸离心泵

S 型双吸离心泵								
泵型号	流量 Q（m³/h）	扬程 H（m）	转速 n（r/min）	功率（kW）		效率 η（%）	必需汽蚀余量（NPSH）r（m）	重量（kg）
				轴功率	电机功率			
200S63	216	69	2950	54.8	75	74	5.8	230
	280	63		58.3		82.7		
	351	50		66.4		72		
200S63A	180	54.5	2950	38.2	55	70	5.8	230
	270	46		45.1		75		
	324	37.5		47.3		70		
200S42	216	48	2950	34.8	45	81	6	180
	280	42		38.1		84.5		
	342	35		40.2		81		
200S42A	198	43	2950	30.5	37	76	6	180
	270	36		33.1		80		
	310	31		34.4		76		
250S39	360	42.5	1450	54.8	75	76	3.2	380
	485	39		61.5		83.6		
	612	32.9		68.6		79		
250S39A	324	35.5	1450	42.5	55	74	3.2	380
	468	30.5		49.3		79		
	576	25		50.9		77		

				S 型双吸离心泵			

泵型号	流量 Q（m³/h）	扬程 H（m）	转速 n（r/min）	功率（kW）		效率 η（%）	必需汽蚀余量（NPSH）r（m）	重量（kg）
				轴功率	电机功率			
250S24	360	27	1450	33.1	45	80	3.5	370
	485	24		36.9		85.8		
	576	19		36.4		82		
250S24A	342	22.2	1450	25.8	37	80	3.5	370
	414	20.3		27.6		83		
	482	17.4		28.6		80		
250S14	360	17.5	1450	21.4	30	80	3.8	320
	485	14		21.5		85.5		
	576	11		22.1		78		
250S14A	320	13.7	1450	15.4	18.5	78	3.8	320
	432	11		15.8		82		
	504	8.6		15.8		75		
300S32	612	36	1450	75	90	80	4.6	709
	790	32		79.2		86.8		
	900	28		86		80		
300S32A	551	31	1450	58.1	75	80	4.6	709
	720	26		60.7		84		
	810	24		68		78		

S 型双吸离心泵								
泵型号	流量 Q（m³/h）	扬程 H（m）	转速 n（r/min）	功率（kW）		效率 η（%）	必需汽蚀余量（NPSH）r（m）	重量（kg）
				轴功率	电机功率			
300S19	612	22	1450	45.9	55	80	5.2	487
	790	19		47		86.8		
	935	14		47.6		75		
300S19A	504	20	1450	38.7	45	71	5.2	487
	720	16		39.2		80		
	829	13		39.1		75		
300S12	612	14.5	1450	30.2	37	80	5.5	660
	790	12		30.4		84.8		
	900	10		33.1		74		
300S12A	522	11.8	1450	23.3	30	72	5.5	660
	684	10		23.9		78		
	792	8.7		24.7		76		
350S16	972	20	1450	64	75	83	7.1	760
	1260	16		64.5		85.3		
	1440	13.4		71		74		
350S16A	864	16	1450	51	55	74	7.1	760
	1044	13.4		48.8		78		
	1260	10		49		70		

QZ型潜水轴流泵

一、产品概述

QZ型泵为单级立式轴流式潜水电泵，适合于吸送清水或物理。化学性质类似于水的其他液体，吸送液体的最高温度为50℃。该水泵可用于分基型潜水泵泵站。

二、泵站选型表

泵型号	流量 Q （m³/h）	扬程 H （m）	转速 n （r/min）	功率 N（kW）		叶轮直径 （mm）	效率 η （%）
				轴功率	配用功率		
350QZ-70	1210	7.22	1450	29.9	37	300	79.5
350QZ-100	1188	4.21	1450	17	22	300	80.5
14QZ-100D	1145	2.4	980	9.45	11	300	79.1
20QZ-70	1610	3.48	730	19.04	30	450	80.1
20QZ-100	2646	4.65	980	41.1	55	450	81.65
500QZ-85	2512	5.24	980	42.17	55	450	84
500QZ-4	2365	3.95	980	30.6	45	430	83.4
500QZ-160	2491.2	2.75	980	22.9	30	450	81.5

QZ 型潜水轴流泵

QJ型潜水深井泵

一、产品概述

　　QJ型潜水深井泵是深井提水的主要设备，电机与水泵直联，机组全部潜入水中工作，具有结构紧凑、安装、维护方便、体积小、重量轻、高效节能等特点。该水泵可用于深井潜水泵泵站、大口井潜水泵泵站。

二、泵站选型表

型　号	流　量		扬程（m）	电机功率（kW）
	（m³/h）	（L/s）		
150QJ5-50	5	1.39	50	3
150QJ5-100			100	3
150QJ5-150			150	4
150QJ5-200			200	5.5
150QJ5-250			250	7.5
150QJ10-50	10	2.78	50	3
150QJ10-70			70	4
150QJ10-100			100	5.5
150QJ10-126			126	5.5
150QJ10-150			150	7.5
150QJ10-175			175	9.2
150QJ10-200			200	11
150QJ10-250			250	13

型　号	流　量		扬程（m）	电机功率（kW）
	（m³/h）	（L/s）		
150QJ20-39			39	3
150QJ20-52			52	5.5
150QJ20-65			65	7.5
150QJ20-78			78	7.5
150QJ20-90	20	5.55	90	9.2
150QJ20-98			98	9.2
150QJ20-111			111	11
150QJ20-143			143	13
150QJ20-156			156	15
150QJT32-36			36	5.5
150QJT32-42			42	7.5
150QJT32-54	32	8.89	54	9.2
150QJT32-66			66	11
150QJT32-84			84	13
150QJT32-96			96	15
150QJ40-36			36	7.5
150QJ40-42			42	9.2
150QJ40-54			54	9.2
150QJ40-60	40	11.11	60	11
150QJ40-66			66	13
150QJ40-72			72	15
150QJ40-84			84	15

型 号	流 量		扬程（m）	电机功率（kW）
	（m³/h）	（L/s）		
175QJ40-36			36	7.5
175QJ40-48			48	9.2
175QJ40-60			60	11
175QJ40-72	40	11.11	72	13
175QJ40-84			84	15
175QJ40-96			96	18.5
175QJ40-120			120	22
175QJ40-132			132	25
175QJ50-24			24	5.5
175QJ50-36			36	9.2
175QJ50-48			48	11
175QJ50-60	50	13.89	60	13
175QJ50-84			84	18.5
175QJ50-96			96	22
175QJ50-108			108	25
175QJ50-120			120	30
175QJ63-22			22	7.5
175QJ63-33			33	9.2
175QJ60-44			44	13
175QJ60-55	60	16.67	55	15
175QJ60-66			66	18.5
175QJ60-77			77	22
175QJ60-99			99	30

型 号	流 量		扬程（m）	电机功率（kW）
	（m³/h）	（L/s）		
200QJ80-22	80	22.22	22	7.5
200QJ80-33			33	11
200QJ80-44			44	15
200QJ80-55			55	18.5
200QJ80-66			66	22
200QJ80-88			88	30
200QJ80-99			99	37
200QJ80-121			121	45
250QJ100-18	100	27.78	18	7.5
250QJ100-36			36	15
250QJ100-54			54	25
250QJ100-72			72	30
250QJ100-108			108	45
250QJ100-126			126	55
250QJ100-144			144	63
250QJ100-162			162	75
250QJ100-198			198	90
250QJ125-16	125	34.7	32	9.2

型 号	流 量		扬程（m）	电机功率（kW）
	（m³/h）	（L/s）		
250QJ125-32	125	34.7	64	18.5
250QJ125-48			96	25
250QJ125-64			128	37
250QJ125-84			160	45
250QJ125-96			192	55
250QJ125-112			112	63
250QJ125-128			128	75
250QJ125-160			160	90
250QJ140-15	140	38.89	15	9.2
250QJ140-30			30	18.5
250QJ140-45			45	30
250QJ140-60			60	37
250QJ140-75			75	45
250QJ140-90			90	55
250QJ140-105			105	63
250QJ140-120			120	75
250QJ140-150			150	90
250QJ170-28	170	47.22	28	18.5
250QJ170-56			56	37
250QJ170-84			84	55

型　号	流　量		扬程（m）	电机功率（kW）
	（m³/h）	（L/s）		
250QJ170-112	170	47.22	112	75
250QJ170-140			140	90
300QJ200-40	200	55.55	40	37
300QJ200-60			60	55
300QJ200-80			80	75
300QJ200-100			100	90
300QJ240-44	240	66.66	44	45
300QJ240-66			66	75
300QJ240-88			88	90
350QJ320-22	320	88.88	22	30
350QJ320-44			44	63
350QJ320-55			55	75
350QJ320-66			66	90
400QJ500-15	500	138.9	15	30
400QJ500-30			30	63
400QJ500-45			45	90
450QJ550-36	550	152.77	36	87

ZLB型立式轴流泵

一、产品概述

ZLB型泵系单级立式轴流泵，适用于抽送清水、污水、雨水及带有轻微腐蚀性的液体，被输送液体温度不高于50℃。该水泵主要用于湿室型泵站。

二、泵站选型表

250ZL-2.5型立式轴流泵工作性能表

流量 Q		扬程 H	转速 n	功率 N（kW）		效率 η	叶轮直径
（m³/h）	（L/s）	（m）	（r/min）	轴功率	配用电机及功率	（%）	（mm）
570	158.3	1.56		3.39	Y132S-4（B₅）	71.5	
550	152.8	2.00		3.99	5.5kW	75	
510	141.7	2.54	1440	4.44		79.3	230
498	138.2	2.95		5.04	Y132M-4（B₅）	79.3	
469	130.3	3.39		5.59	7.5kW	77.5	
419	116.4	4.06		6.48		71.5	

350ZL-125型立式轴流泵工作性能表

流量 Q		扬程 H	转速 n	功率 N（kW）		效率 η	叶轮直径
（m³/h）	（L/s）	（m）	（r/min）	轴功率	配用电机及功率	（%）	（mm）
1044	290	1.61		5.9	S195（柴油机）	77.6	
954	265	2.20	1100	7.21	8.82kW	80.3	
888	246.7	2.64		8.03	平皮带交叉传动	79.4	
1235	343	2.25		9.74	Y160-4（B₅）	77.6	
1127	313	3.07	1300	11.73	15kW	80.3	
1084	301	3.41		12.62	三角皮带传动	80	300
1487	413	1.80		10.41	Y180M-4（B₅）	70	
1321	367	3.65		15.81	18.5kW	81	
1267	352	3.87	1470	16.64		80.3	
1215	339	4.32		17.86	Y180L-4（B₅）	80	
1094	304	5.32		20.89	22kW	76	

350ZLB-70型立式轴流泵工作性能表

叶片安放角（°）	流量 Q		扬程 H（m）	转速 n（r/min）	功率 N（kW）		效率 η（%）	叶轮直径（mm）
	（m³/h）	（L/s）			轴功率	配用电机及功率		
−4	949	263.6	3.45		11.58	Y180L-4（B₅）22kW	77	
	812	225.6	6.00		16.80		79	
	736	204.5	7.30		19.51		75	
−2	1058	284.0	3.25		12.17		77	
	981	239.2	6.65		19.74		79	
	712	197.7	8.42		23.56		69	
0	1163	323.1	3.30	1470	13.58		77	300
	963	267.6	6.55		21.21		81	
	803	223.0	8.30		25.20	Y200L-4（B₅）30kW	72	
+2	1244	340.0	4.07		17.17		79	
	1028	285.6	7.10		24.54		81	
	948	263.4	7.88		26.43		77	
+4	1284	356.7	4.30		19.03		79	
	1256	348.8	4.75		20.05		81	
	1076	298.9	7.20		26.05		81	

350ZLB-100型立式轴流泵工作性能表

叶片安放角（°）	流量 Q		扬程 H（m）	转速 n（r/min）	功率 N（kW）		效率 η（%）	叶轮直径（mm）
	（m³/h）	（L/s）			轴功率	配用电机及功率		
−6	1096.0	286	2.56		9.44		76	
	910.8	253	4.41		12.51		82	
	745.2	207	6.41		17.11		76	
−4	1144.8	318	2.43		9.96		76	
	1022.4	284	4.21		14.10		83.1	
	799.2	222	6.91		19.78		76	
−2	1245.6	346	2.35	1470	10.48	Y180L-4（B₅）22kW	76	300
	1058.4	294	4.93		16.91		84	
	907.2	252	6.70		21.20		76	
0	1339.2	372	2.47		11.85		76	
	1206.0	335	4.34		16.90		84.3	
	950.4	264	7.20		24.51		76	

94

叶片安放角（°）	流量 Q		扬程 H（m）	转速 n（r/min）	功率 N（kW）		效率 η（%）	叶轮直径（mm）
	（m³/h）	（L/s）			轴功率	配用电机及功率		
+2	1425.6 1278.0 1029.6	396 355 286	2.73 4.58 7.20	1470	13.94 18.75 26.55	Y200L-4（B₅）30kW	76 85 76	300
+4	1501.2 1368.0 1141.2	417 380 317	3.08 4.57 6.96		16.5620.21 28.45		76 84.2 76	

350ZLB-125型立式轴流泵工作性能表

叶片安放角（°）	流量 Q		扬程 H（m）	转速 n（r/min）	功率 N（kW）		效率 η（%）	叶轮直径（mm）
	（m³/h）	（L/s）			轴功率	配用电机及功率		
-6	540 688 792	150 191 220	4.65 3.20 1.93	1470	9.88 7.70 5.95	Y180M-4（B₅）18.5kW	70 78 70	300
-4	655 900 1040	182 250 289	5.36 3.20 1.49		13.70 9.80 6.03		70 80 70	
-2	832 1116 1264	231 310 351	5.96 3.30 1.54		19.30 12.55 7257	Y180L-4（B₅）22kW	70 80 70	
0	1094 1321 1487	304 367 413	5.32 3.56 1.80		20.85 15.81 10.41		76 80 70	
+2	1156 1440 1627	321 40 452	6.13 4.01 2.30		27.56 19.66 14.16	Y200L-4（B₅）30kW	70 80 72	
+4	1543 1670 1800	426 464 500	5.09 3.92 2.89		27.97 22.57 19.68		76 79 72	

350ZLB-7.3型立式轴流泵工作性能表

叶片安放角 (°)	流量 Q		扬程 H (m)	转速 n (r/min)	功率 N (kW)		效率 η (%)	叶轮直径 (mm)
	(m³/h)	(L/s)			轴功率	配用电机及功率		
-6	1318 1130 976	366 314 271	3.91 7.19 8.76	1470	16.51 26.84 30.61	Y225S-4(B₅) 37kW	78 82.43 76	300
-4	1408 1184 1001	391 329 278	3.99 7.34 9.02		15.99 28.51 32.33		78 83 76	
-2	1480 1260 1026	411 350 285	4.11 7.42 9.25		21.22 30.66 33.99		78 85.14 76	
0	1548 1310 1055	430 364 293	43.7 7.77 9.46		23.61 32.55 35.74		78 85.14 76	
+2	1606 1350 1076	446 375 299	4.56 7.93 9.60		25.55 34.42 37.01	Y225M-4(B₅) 45kW	78 84.67 76	
+4	1688 1411 1127	469 392 313	4.93 8.35 9.91		29.05 38.19 40.00		78 84 76	

20ZLB-70型工作性能表

叶片安放角 (°)	流量 Q		扬程 H (m)	转速 n (r/min)	功率 N (kW)		效率 η (%)	叶轮直径 (mm)
	(m³/h)	(L/s)			轴功率	配用电机及功率		
-4	1368 1760 2060	380 489 571	9.44 7.0 4.35	980	50.4 42.2 31.1	Y280M-6(B₅) 55kW	70 79.6 78.5	450
-2	1720 2010 2250	479 559 625	8.2 6.43 4.9		51.9 44 40.6		74.5 80 73.5	

叶片安放角（°）	流量 Q		扬程 H（m）	转速 n（r/min）	功率 N（kW）		效率 η（%）	叶轮直径（mm）
	（m³/h）	（L/s）			轴功率	配用电机及功率		
0	2099	583	7.0	980	50.0	Y280M-6（B₅）55kW	79.9	450
	2160	600	6.3		45.5		81.2	
	2510	696	3.9		34.6		77	
+2	2340	650	6.6		52.2		81.5	
	2560	711	5.5		46.7		82	
	2660	741	4.67		41.6		81.5	
+4	2700	750	5.6		49.5		83	
	2858	794	4.4		43.4		79	
-4	1020	282	5.32	730	20.8	Y250M-8（B₅）30kW	68.2	450
	1310	364	3.95		17.4		78.4	
	1530	425	2.45		13.23		77.2	
-2	1175	326	5.16		21.8		73	
	1500	416	3.56		18.2		78.8	
	1675	456	2.76		16.8		71.9	
0	1480	410	4.16		21.2		77.8	
	1610	447	3.56		18.9		80.1	
	1870	520	2.76		14.3		75.6	
+2	1710	475	3.95		22.2		80.4	
	1910	530	3.10		19.3		80.9	
	1990	552	2.63		17.2		80.4	
+4	1640	454	4.44		26		75.4	
	1960	545	3.2		22.2		82	
	2100	582	2.82		19.2		81.5	

500ZLB-8.6型工作性能表

叶片安放角 (°)	流量 Q		扬程 H (m)	转速 n (r/min)	功率 N (kW)		效率 η (%)	叶轮直径 (mm)
	(m³/h)	(L/s)			轴功率	配用电机及功率		
−6	1981.1 1843.3 1522.4	550.3 512 422.9	6.85 8 9.78	980	47.89 50.07 53.62	Y225S-4（B₅） 37kW	78.33 80.2 75.63	430
−4	2183.4 1987.2 1599.5	606.5 552 44.3	6.65 8.25 10.12		50.48 55.1 5.29		78.33 81.03 75.63	
−2	2368.1 2131.2 1698.1	657.8 592 471.7	6.61 8.5 10.48		54.42 60.9 64.08		78.33 81.03 75.63	
0	2536.2 2300 1801.8	704.5 638.9 500.5	6.67 8.54 10.82		58.82 66 70.21		78.33 81.03 75.63	
+2	2683.1 2430 2212.2	745.3 675 614.5	6.80 8.7 10.02		63.44 70.64 74.5	Y225M-4（B₅） 45kW	78.33 81.5 75.63	
+4	2826.4 2556 2170.8	785.1 710 603	7.04 9 11.06		69.18 76.87 83.48		78.33 81.5 75.63	

500ZLB-85轴流泵工作性能表

叶片安放角 (°)	流量 Q		扬程 H (m)	转速 n (r/min)	功率 N (kW)		效率 η (%)	叶轮直径 (mm)
	(m³/h)	(L/s)			轴功率	配用电机及功率		
−4	2256 2286 1674	710 635 465	2.90 5.00 8.50	980	26.5 36.6 53.8	Y280M-6（B₅） 55kW	76.2 85.2 72.1	450
−2	2819 2498 2002	783 694 556	2.78 5.50 7.87		28.1 43.8 53.0		76 85.5 76	

叶片安放角 （°）	流量 Q		扬程 H （m）	转速 n （r/min）	功率 N（kW）		效率 η （%）	叶轮直径 （mm）
	（m³/h）	（L/s）			轴功率	配用电机及功率		
0	3006 2700 2070	835 750 575	3.15 5.50 8.50		33.9 47.3 66.6		76 85.5 72	
+2	3240 2830 2365	900 786 657	3.56 6.00 8.09	980	41.3 54.1 68.6	75kW	76 85.5 76	450
+4	2427 2995 2646	952 832 735	3.76 6.23 7.76		46.2 59.4 69.9		76 85.5 80	

500ZLB-100型工作性能表

叶片安放角 （°）	流量 Q		扬程 H （m）	转速 n （r/min）	功率 N（kW）		效率 η （%）	叶轮直径 （mm）
	（m³/h）	（L/s）			轴功率	配用电机及功率		
0	1287 1548 1678	357 430 466	2.85 2.00 1.60		13.40 10.00 9.15	Y225S-8（B₅） 18.5kW	74.4 86.0 80.0	
+2	1406 1635 1750	391 459 486	3.07 2.31 1.94	730	16.25 12.53 11.26		72.4 82.7 82.0	450
+4	1510 1678 1750	422 466 486	3.23 2.85 2.55		18.60 16.46 15.25	Y225M-8（B₅） 22kW	71.8 79.2 79.6	
−4	1220 1543 1890	339 459 525	5.08 3.79 1.80		23.3 19.2 13.2	Y225M-6（B₅） 30kW	72.4 83.0 71.3	
−2	1481 1726 2013	412 479 560	5.00 3.98 1.80	980	27.0 22.1 17.5		75.0 84.6 78.0	450

叶片安放角 (°)	流量Q (m³/h)	(L/s)	扬程H (m)	转速n (r/min)	功率N (kW) 轴功率	配用电机及功率	效率η (%)	叶轮直径 (mm)
0	1800	500	4.80		30.0	Y250M-6（B₅） 37kW	78.0	
	2077	577	3.60		24.0		86.0	
	2245	625	2.75		21.0		80.0	
+2	1965	546	5.36	980	37.5	Y280S-6（B₅） 45kW	76.2	450
	2220	616	4.15		30.3		82.7	
	2372	660	3.05		24.6		80.0	
+4	2005	557	5.93		45.5	Y280M-6（B₅） 55 kW	71.2	
	2250	625	5.14		39.8		79.2	
	2342	652	4.59		36.9		79.5	

500ZLB-0.75-4.3型工作性能表

叶片安放角 (°)	流量Q (m³/h)	(L/s)	扬程H (m)	转速n (r/min)	功率N (kW) 轴功率	配用电机及功率	效率η (%)	叶轮直径 (mm)
-6	1765.5	490.42	5.96		36.56		78.37	
	2052.9	570.26	4.14		28.23		81.98	
	2283.3	634.25	2.56		20.78		76.57	
-4	1798.4	499.55	6.91		44.20		76.57	
	2299.3	638.69	4.21		31.84		82.97	
	2541.5	705.98	2.67		23.58		78.37	
-2	2040.6	566.84	6.70		47.51		78.37	
	2504.6	695.72	4.32		35.28		83.51	
	2800.2	777.83	2.35	980	23.40	Y280M-6（B₅） 55 kW	76.57	450
0	2311.6	642.11	6.41		50.33		80.17	
	2708.8	752.44	4.34		38.09		84.05	
	2980.9	828.02	2.72		28.17		78.37	
+2	2570.2	713.05	6.08		51.91		81.98	
	2874.1	798.36	4.58		42.33		84.68	
	3169.1	880.48	2.98		32.82		78.37	
+4	2997.3	832.58	5.04		49.10		83.78	
	3079.4	855.39	4.57		46.65		83.96	
	3342.2	928.38	3.28		38.10		78.73	

叶片安放角 (°)	流量 Q		扬程 H (m)	转速 n (r/min)	功率 N (kW)		效率 η (%)	叶轮直径 (mm)
	(m³/h)	(L/s)			轴功率	配用电机及功率		
-6	1250.9 1529.2 1694.4	347.47 424.78 470.66	3.56 2.30 1.58	730	16.14 11.84 8.88	Y225M-8（B₅） 22kW	75.15 80.89 75.15	450
-4	1339.6 1712.7 1853.4	372.11 475.76 514.84	3.83 2.34 1.69		18.59 13.32 10.80		75.16 81.94 78.98	
-2	1590.4 1804.5 2027.7	441.48 501.25 563.26	3.47 2.62 1.62		19.03 15.66 11.33		78.98 82.22 78.98	
0	1590.4 2018.6 2183.7	441.78 560.72 606.59	3.99 2.41 1.67		23.00 15.95 12.57	Y250M-8（B₅） 30kW	75.15 83.08 79.98	
+2	1728.0 2140.9 2361.1	480.01 594.70 655.87	3.99 2.54 1.65		24.99 17.68 13.77		75.15 83.75 75.15	
+4	1988.0 2293.8 2517.1	552.22 637.18 699.20	3.62 2.54 1.71		25.43 19.12 15.60		77.06 82.99 75.15	

500ZLBc-125型工作性能表

叶片安放角 (°)	流量 Q		扬程 H (m)	转速 n (r/min)	功率 N (kW)		效率 η (%)	叶轮直径 (mm)
	(m³/h)	(L/s)			轴功率	配用电机及功率		
-4	1620 1962 2196	450 545 610	4.55 3.20 2.00	980	26.5 21.3 16.0	Y225M-6（B₅） 30 kW	75 80.5 75	450
-2	2070 2394 2700	575 665 750	4.75 3.30 1.90		34.4 26.4 18.6	Y250M-6（B₅） 37 kW	75 81.5 75	

叶片安放角 （°）	流量 Q		扬程 H （m）	转速 n （r/min）	功率 N （kW）		效率 η （%）	叶轮直径 （mm）
	（m³/h）	（L/s）			轴功率	配用电机及功率		
0	2484 2844 3204	690 790 890	4.80 3.50 2.00	980	41.4 32.9 23.8	Y280S-6（B₅） 45 kW	78.5 82.5 73.5	450
+2	2808 3240 3410	780 900 975	5.10 3.60 2.50		51.0 39.0 31.9	Y280M-6（B₅） 55 kW	76.5 82 75	
-2	1573 1822 2434	437 506 570	2.75 1.90 1.10	730	15.1 11.6 8.2	Y225S-6（B₅） 18.5 kW	78 81.5 75	450
0	1890 2160 2434	525 600 676	2.78 2.02 1.16		18.2 4.5 10.5	Y225M-8（B₅） 22kW	78.5 82.5 73.5	
+2	2232 2462 2668	620 684 741	2.70 2.08 1.45		20.9 17.2 14.0		78.5 82 75	

500ZLB-160轴流泵工作性能表

叶片安放角 （°）	流量 Q		扬程 H （m）	转速 n （r/min）	功率 N（kW）		效率 η （%）	叶轮直径 （mm）
	（m³/h）	（L/s）			轴功率	配用电机及功率		
-2	2192.4 2545.2 2804.4	609 707 779	3.72 2.56 1.71		28.0 21.1 16.5	Y250M-6（B₅） 37kW	79.28 84.23 79.28	
0	2568.6 2956.3 3157.6	713.5 821.2 877.1	3.57 2.57 1.79	980	31.5 25.1 19.4		79.28 84.23 79.28	450
+2	2989.1 3194.3 3473.6	830.3 887.3 964.9	3.41 3.02 2.13		35.0 32.0 25.1	Y280S-6（B₅） 45 kW	79.28 84.23 79.28	

叶片安放角 （°）	流量 Q		扬程 H （m）	转速 n （r/min）	功率 N（kW）		效率 η （%）	叶轮直径 （mm）
	（m³/h）	（L/s）			轴功率	配用电机及功率		
−2	1633.3 1896.1 2040.1	453.7 526.7 566.7	2.06 1.42 1.06		11.7 8.8 7.4	Y200L−8（B₅） 15 kW	78.01 83.27 79.98	
0	1913.4 2202.1 2321.6	531.5 611.7 644.9	1.98 1.43 1.03	780	13.0 10.4 8.3	Y225S−8（B₅） 18.5 kW	78.02 82.32 78.97	450
+2	2226.6 2379.6 2587.3	618.5 661.0 718.7	1.89 1.68 1.18		14.7 13.5 10.5		78.01 80.89 78.97	

600ZLBc-100型工作性能表

叶片安放角 （°）	流量 Q		扬程 H （m）	转速 n （r/min）	功率 N（kW）		效率 η （%）	叶轮直径 （mm）
	（m³/h）	（L/s）			轴功率	配用电机及功率		
−6	2256	710	4.45		38.2	Y280M−8（B₅） 45 kW	81	
	2808	780	3.49		32.7		81.6	
	3132	870	2.43		26.2		79	
−4	3024	840	4		39.2		84	
	3132	870	3.54	730	35.8		84.4	550
	3348	930	2.66		29.9		81	
−2	3132	870	4.45		45.2	Y280M−8（B₅） 55 kW	84	
	3420	950	3.49		38.2		85	
0	3348	930	4.47		47.9		85	

叶片安放角 (°)	流量 Q		扬程 H (m)	转速 n (r/min)	功率 N (kW)		效率 η (%)	叶轮直径 (mm)
	(m³/h)	(L/s)			轴功率	配用电机及功率		
−6	2016	560	2.88		19.5		81	
	2484	690	1.43		12.2		79	
−4	2182	606	3.15		23.1		81	
	2412	670	2.5		19.5		84	
	2707	752	1.54		14		81	
−2	2311	642	3.26		25.3	Y225M−6 30kW 电机皮带传动	81	
	2585	718	2.53		21		85	
	2851	792	1.75		16.6		82	
0	2498	694	3.36	580	28.2		81	550
	2880	800	2.36		21.8		85	
	3161	878	1.6		17		81	
+2	2761	767	3.2		29.3		82	
	3096	860	2.36		23.4		85	
	3287	913	1.6		20.3	Y35S−10/45kW 或 37kW/ 电机皮带传动	82	
+4	2952	820	3.25		32.3		81	
	3240	900	2.6		27		85	
	3492	970	2		23.3		82	

600ZL-70型工作性能表

叶片安放角 （°）	流量 Q		扬程 H （m）	转速 n （r/min）	功率 N（kW）		效率 η （%）	叶轮直径 （mm）
	（m³/h）	（L/s）			轴功率	配用电机及功率		
−6	2987.5	829.86	7.26	730	75.7	Y315L1-8 90kW	78	550
	3528	980	5.62		64.3		84	
−4	3065.7	851.57	7.46		79.8		78	
−2	3138.3	871.74	7.63		83.6		78	

600ZL-125型工作性能表

叶片安放角 （°）	流量 Q		扬程 H （m）	转速 n （r/min）	功率 N（kW）		效率 η （%）	叶轮直径 （mm）
	（m³/h）	（L/s）			轴功率	配用电机及功率		
−6	1652.7	459.1	3.85	730	24.1	Y280S-8（B5） 37kW	72	550
	2102.4	584	2.65		19		80	
	2423.5	673.2	1.6		14.7		72	
−4	2010.2	558.4	4.45		33.8		72	
	2707.2	752	2.65		23.8		82	
	3182.8	884.1	1.23		14.8		72	
−2	2546.3	707.3	4.94		47.6	Y280M-8（B5） 55kW	72	
	3312	920	2.95		32.4		82	
0	3048.8	846.9	5.07		58.4	Y315M-8 75kW	72	
+2	3540.2	983.4	5.8		68		72	

600ZLB-160型工作性能表

叶片安放角 (°)	流量 Q		扬程 H (m)	转速 n (r/min)	功率 N (kW)		效率 η (%)	叶轮直径 (mm)
	(m³/h)	(L/s)			轴功率	配用电机及功率		
-2	2980.8	828	3.08	730	31.2	Y280S-8（B₅） 37 kW	80.23	550
	3463.2	962	2.12		23.5		84.96	
0	3493.4	970.4	2.96		35.1	Y280M-8（B₅） 45 kW	80.23	
-2	2368.8	658	1.95	580	15.9	Y200L2-6 皮带传动 90 kW	79.23	550
	2750.4	764	1.34		12		83.96	
	2926.8	813	1.05		10.3		81.09	
0	2775.6	771	1.87		17.84		79.23	
	3261.6	906	1.35		14.43		83.1	
	3355.2	932	1.04		11.74		80.95	
+2	3229.2	897	1.79		19.9		79.23	
	3452.4	959	1.58		18.2		81.81	

700ZLB-4.5型工作性能表

叶片安放角 (°)	流量 Q		扬程 H (m)	转速 n (r/min)	功率 N (kW)		效率 η (%)	叶轮直径 (mm)
	(m³/h)	(L/s)			轴功率	配用电机及功率		
-6	2973.6	826	6.29	730	62.9	JSL-11-8 80kW	81	600
	3276	910	5.37		57.7		83	
-4	3538.8	83	5.88		68.2	JSL-12-8 95kW	83	

28ZLB-70型工作性能表

叶片安放角 (°)	流量 Q		扬程 H (m)	转速 n (r/min)	功率 N (kW)		效率 η (%)	叶轮直径 (mm)
	(m³/h)	(L/s)			轴功率	配用电机及功率		
-4	2430	675	6.9		63.5		72	
	3125	869	5.12		54		80.9	
-2	2795	776	6.7	580	67	JSL-12-10 80kW	76.1	650
	3570	993	4.7		56.4		81.3	
0	3520	976	5.5		65.6		80.3	

700ZLB-100型工作性能表

叶片安放角 (°)	流量 Q		扬程 H (m)	转速 n (r/min)	功率 N (kW)		效率 η (%)	叶轮直径 (mm)
	(m³/h)	(L/s)			轴功率	配用电机及功率		
-6	3021	839.15	4.76		50.2	JSL-11-10 55kW	78	
-4	3235.2	898.68	5.13	585	56.5	JSL-11-10 65kW	80	650
-2	3368.2	935.61	5.6		65.9	JSL-12-10 80kW	78	

700ZLBc-125型工作性能表

叶片安放角 (°)	流量 Q		扬程 H (m)	转速 n (r/min)	功率 N (kW)		效率 η (%)	叶轮直径 (mm)
	(m³/h)	(L/s)			轴功率	配用电机及功率		
-4	3398	944	6.1	730	74.3	JSL-11-8 80kW	76	650
-4	2725	757	3.92	585	39.3	Y315S-10（B₅） 45kW	74	650